101 QUESTIONS SUR L'ÉNERGIE

Samuele Furfari

101 QUESTIONS SUR L'ÉNERGIE

2009

 Editions TECHNIP   25 rue Ginoux, 75015 Paris

Chez le même éditeur

- Le Monde et l'Energie – Enjeux géopolitiques
  1. Les clefs pour comprendre
  2. Les cartes en mains
  S. Furfari

- Energie & climat – Réussir la transition énergétique
  A. Rojey

- Biocarburants – 5 questions qui dérangent
  J.-P. Legalland, J.-L. Lemarchand

- Géopolitique de l'énergie – Besoins, ressources, échanges mondiaux
  J.-P. Favennec

- Géopolitique du pétrole – Un nouveau marché, de nouveaux risques, des nouveaux mondes
  C. de Lestrange, C.-A. Paillard, P. Zelenko

- Le plein de biocarburants ? – Enjeux et réalités
  D. Ballerini

Illustration de couverture : © Scott Maxwell – Fotolia.com

Tous droits de traduction, de reproduction et d'adaptation réservés pour tous pays.

Toute représentation, reproduction intégrale ou partielle faite par quelque procédé que ce soit, sans le consentement de l'auteur ou de ses ayants cause, est illicite et constitue une contrefaçon sanctionnée par les articles 425 et suivants du Code pénal.

Par ailleurs, la loi du 11 mars 1957 interdit formellement les copies ou les reproductions destinées à une utilisation collective.

© Editions Technip, Paris, 2009
Imprimé en France
ISBN 978-2-7108-0928-9

Avertissement

L'auteur s'exprime à titre personnel,
les opinions dans cet ouvrage n'engagent pas la Commission européenne

Table des matières

	Avant-propos	XI
1.	La révolution industrielle a-t-elle entraîné la consommation d'énergie ?	1
2.	Qu'est-ce que l'énergie ?	3
3.	Est-ce que l'énergie et la puissance sont la même chose ?	5
4.	Qu'est ce que l'énergie primaire et qu'est-ce que l'énergie finale ?	7
5.	Est-ce que les différents types d'énergies sont interchangeables ?	8
6.	Pourquoi le pétrole est-il la clef de l'énergie ?	10
7.	Quelle est l'origine des crises énergétiques de 1973 ?	12
8.	La croissance de la demande énergétique est-elle une fatalité ?	14
9.	La croissance ne va-t-elle pas détruire la planète ?	16
10.	Le développement durable est-il compatible avec l'utilisation de l'énergie ?	18
11.	Les pays en développement ne devraient-ils pas se préoccuper davantage de la protection de l'environnement ?	20
12.	Comment peut-on mesurer nos évolutions en matière de consommation d'énergie ?	22
13.	Est-ce que l'efficacité énergétique ça marche ?	24
14.	Quel avenir pour les énergies renouvelables ?	28
15.	Que fait-on pour promouvoir les énergies renouvelables ?	31
16.	Quelles sont les énergies renouvelables les plus rentables économiquement ?	34

17.	Les biocarburants sont-ils aussi prometteurs qu'on le dit ?	37
18.	Que fait l'UE dans le domaine des biocarburants ?	39
19.	Qu'est-ce que la sécurité d'approvisionnement énergétique ?	42
20.	Quelles sont les perspectives énergétiques pour les 30 prochaines années ?	45
21.	Peut-on changer la situation énergétique en éduquant le public ?	47
22.	Le charbon n'est-il pas une énergie du passé ?	51
23.	Pourquoi la construction européenne est-elle si étroitement liée à l'énergie ?	54
24.	Qu'est-ce que l'EURATOM ?	57
25.	Qu'est ce que le marché intérieur de l'énergie ?	59
26.	Que fait-on pour polluer moins ?	62
27.	Pourquoi la lutte contre le changement climatique est-elle si difficile ?	65
28.	Sommes-nous certain qu'il y a un effet anthropologique sur le changement climatique ?	67
29.	Sur quoi se basent les sceptiques pour remettre en cause la théorie du changement climatique d'origine anthropologique ?	69
30.	Qu'est-ce que la théorie du bâton de hockey ?	73
31.	Mais alors comment se fait-il qu'Al Gore reçoive le Prix Nobel de la Paix ?	76
32.	Pourquoi les sceptiques du changement climatique sont-ils si peu écoutés ?	79
33.	Qu'est-ce que le piégeage du carbone ?	82
34.	Le Club de Rome n'avait-il pas raison d'annoncer déjà en 1972 que nous allions manquer d'énergie ?	84
35.	Que pense l'Union européenne du nucléaire ?	87
36.	Quelles solutions nucléaires pour le futur ?	91
37.	L'hydrogène est-il une énergie de l'avenir ?	93

38.	Qu'est-ce que la rente pétrolière ?	95
39.	Comment est fixé le prix du pétrole ?	98
40.	Pourquoi l'OPEP est-elle si importante ?	100
41.	Pour combien d'années encore y aura-t-il du pétrole ?	103
42.	Qu'est ce que l'Agence Internationale de l'Énergie ?	106
43.	Est-ce qu'après un tiers de siècle l'OPEP et l'AIE sont toujours antagonistes ?	108
44.	Quel est le rôle des stocks stratégiques ?	110
45.	Quelles sont les évolutions technologiques dans le domaine de la production des hydrocarbures ?	112
46.	Qu'est-ce que le taux de récupération d'un gisement ?	114
47.	Qu'est-ce que le pétrole non conventionnel ?	116
48.	Les nouvelles frontières, qu'est-ce que c'est ?	119
49.	Pourquoi cette frénésie pour le Grand Nord ?	121
50.	Qu'est-ce que la malédiction du pétrole ?	123
51.	Les entreprises pétrolières ne négligent-elles pas les questions éthiques ?	125
52.	Qu'est-ce qu'une compagnie parapétrolière ?	128
53.	Pourquoi les raffineries de pétrole sont-elles si importantes ?	130
54.	Comment explique-t-on la forte présence britannique dans le monde du pétrole alors que l'Allemagne est pratiquement absente ?	132
55.	Pourquoi le lien entre les guerres et l'énergie est-il si étroit ?	135
56.	Pourquoi le gaz naturel est-il appelé l'énergie de l'avenir ?	137
57.	Peut-on craindre une OPEP du gaz ?	139
58.	Pourquoi le GNL est-il de plus en plus important ?	142
59.	La flexibilité dans le marché du gaz est-elle vraiment améliorée par le GNL ?	144
60.	Pourquoi le gaz naturel est-il si attractif ?	146

61.	D'où et comment acheminer tout ce gaz vers l'Europe ?	148
62.	Ne va-t-on pas faire un plat de spaghetti avec tous ces gazoducs ?	150
63.	Peut-on compter sur le pétrole africain ?	152
64.	Le Nigeria peut-il aider à alléger notre géopolitique de l'énergie ?	154
65.	Qu'en est-il des hydrocarbures de la Libye ?	157
66.	Pourquoi, contrairement à la Libye, le Venezuela se referme ?	160
67.	Est-ce qu'on doit craindre pour notre dépendance énergétique de la Russie ?	162
68.	Par où exporter le pétrole russe ?	165
69.	L'Ukraine et la Biélorussie sont-ils si importants que cela ?	167
70.	Que se passe-t-il autour de la mer Caspienne ?	169
71.	Pourquoi le Moyen-Orient reste-t-il incontournable ?	171
72.	Quel rôle joue l'Iran dans le jeu géopolitique de l'énergie ?	174
73.	Que peut-on attendre du nouvel Irak ?	177
74.	Pourquoi le Qatar est-il devenu si important ?	181
75.	Qu'est ce que le GTL et le CTL ?	183
76.	Quelle est la stratégie énergétique du Japon ?	186
77.	Le Japon ne s'intéresserait-il pas au développement durable ?	189
78.	Quelle est la place de l'Australie dans le monde de l'énergie ?	191
79.	L'exploitation de l'uranium est-elle importante pour l'Australie ?	193
80.	l'Algérie, notre proche voisin, peut-il nous aider valablement ?	195
81.	Le Canada étant un pays stable, peut-on compter sur lui ?	197

82.	Pourquoi la Norvège est-elle si importante pour l'UE ?	199
83.	Quel est le rôle de la Turquie dans la géopolitique de l'énergie ?	201
84.	Pourquoi un oléoduc Bakou Tbilissi Ceyhan ?	203
85.	Comment la Chine influence-t-elle la géopolitique de l'énergie ?	205
86.	Que fait la Chine pour éviter de trop dépendre du pétrole ?	207
87.	Mais la Chine ne s'intéresse-t-elle donc qu'aux énergies fossiles ?	209
88.	La Chine ne néglige-t-elle pas le gaz naturel et le nucléaire ?	211
89.	Est-ce vrai que l'on gaspille beaucoup de gaz naturel dans le monde ?	213
90.	La Russie a-t-elle une bonne politique de maîtrise de son gaz naturel ?	215
91.	Le pétrole du Moyen-Orient n'est-il pas surtout nécessaire aux USA ?	217
92.	Quelle est la plus grande compagnie pétrolière au monde ?	218
93.	Pourquoi les USA s'intéressent-ils tant à l'énergie ?	220
94.	Qu'est-ce que le pacte du Quincy ?	222
95.	Quelle est la stratégie énergétique des USA ?	224
96.	Les USA sont quand même bien un pays pollué ?	226
97.	Les USA peuvent-ils se passer du pétrole du Moyen-Orient ?	228
98.	Quels sont les endroits dangereux du monde pour l'approvisionnement en pétrole ?	230
99.	Mais lorsqu'il n'y aura plus de pétrole que fera-t-on ?	232
100.	Comment transformer la crise actuelle en bienfait ?	234
101.	Que conclure de tout cela ?	237

Avant-propos

Ce livre est né de la demande de mon éditeur d'écrire un ouvrage grand public sur l'énergie. Nous sommes tombés d'accord, lui et moi, sur l'idée d'un livre qui ne serait pas « politiquement correct ».

En effet, il est de bon ton aujourd'hui d'annoncer une pénurie prochaine d'énergie. Nous assistons à un matraquage continuel de formules toutes faites, relayées par certains médias préférant faire du sensationnel en annonçant des mauvaises nouvelles au lieu d'informer et de faire de la bonne pédagogie auprès de leur public.

Après trente années d'activités diverses dans le domaine de l'énergie, j'ai pensé que mon expérience professionnelle pourrait être utile à ceux qui s'interrogent sur l'avenir énergétique de notre planète. C'est pourquoi, tout en restant fonctionnaire à la Commission européenne (direction générale de l'Énergie), j'ai été invité à enseigner la géopolitique à l'Université de Bruxelles.

De cette expérience, est paru en 2006 *Le Monde et l'Énergie, Enjeux géopolitiques*, ouvrage dans lequel j'ai voulu m'adresser à un public déjà averti mais désirant se documenter en détail sur ce sujet. Il en est résulté deux volumes totalisant 900 pages, peut-être un peu trop fouillés pour l'homme pressé d'aujourd'hui.

Ainsi, le présent livre a été conçu sous forme de réponses à 101 questions que chacun peut se poser à propos du futur énergétique. Cette version adaptée à une lecture rapide doit, je l'espère, permettre aux lecteurs de mieux connaître l'importance et la complexité de la question énergétique et de voir quelles sont les vraies priorités pour l'avenir.

Je souhaite donner par ce biais des réponses réalistes mais positives et, peut-être, l'envie d'approfondir la question.

Samuele Furfari

1. La révolution industrielle a-t-elle entraîné la consommation d'énergie ?

Non, c'est l'inverse. Avant la consommation d'énergie fossile, la science avait pratiquement tout trouvé ; Galilée et Newton avaient posé les bases de la méthode scientifique et avaient trouvé les grands principes qui la régissent. Et pourtant le monde n'avait pas changé. Les générations se succédaient les unes aux autres et on continuait à se chauffer au bois et à se déplacer à pied ou à cheval. Les agriculteurs continuaient à suer ; le principe d'inertie trouvé par Galilée ne leur servait à rien, ils en avaient la preuve en transpirant sous les efforts. Les ménagères continuaient à devoir constamment se préoccuper d'alimenter en bois leurs fourneaux, la gravitation découverte par Newton ne rendait pas plus légères les brassées de bois. La science était là, mais rien ne changeait. Les générations se suivaient et on produisait toujours de la même façon, à la force des bras et à la sueur du front. Ce qui fit même dire à Lord Kelvin, celui dont la mesure de la température absolue porte le nom, que « *tout est découvert et qu'on ne doit plus s'attendre à des évolutions dans le monde* »...

Si c'est au début du XXe siècle que le monde change radicalement, ce n'est pas parce que Einstein découvre le principe de la relativité, mais pour autre chose. D'ailleurs, les physiciens et les mathématiciens buttent encore aujourd'hui sur la simple loi de la gravitation, ils ne parviennent pas à l'expliquer dans les conditions extrêmes de la physique comme le Big-Bang. Non, la révolution, la vraie est arrivée parce que grâce aux ingénieurs on a commencé à exploiter la transformation de l'énergie. L'énergie était là, à disposition ; les ressources n'étaient pas utilisées par manque de savoir-faire. Mais dès que, vers la fin du XIXe siècle, on a d'abord commencé à utiliser le charbon et surtout le pétrole, ensuite c'est l'explosion ! Le monde change radicalement. L'effort physique de l'homme est de plus en plus remplacé par l'énergie pour en arriver à la situation d'opulence matérielle dont nous jouissons aujourd'hui en Europe.

Savez-vous que chacun des Européens exploite une quantité d'énergie équivalente à celle de l'énergie fournie par environ 150 hommes ou femmes ? Vous ne les voyez pas, mais autour de vous s'agitent quelques 100 à 150 serviteurs – ou esclaves – virtuels qui s'affairent quotidiennement pour vous apporter le confort que le simple geste de tourner l'interrupteur ou d'appuyer sur l'accélérateur vous procure. Imaginez que pour chauffer l'eau de votre douche matinale, vous deviez aller à pied ou à cheval couper du bois (oups... n'oubliez pas que vous auriez dû aller prendre du fourrage pour alimenter le cheval... ah j'oublie aussi qu'il aurait fallu que vous apportiez à boire au métayer qui transpirait en coupant l'herbe qui allait donner le fourrage...). Grâce à l'énergie, mêmes les parias en Inde ont actuellement pour les seconder dans leurs tâches quotidiennes d'économie, pourtant de presque survie, une quinzaine de serviteurs virtuels. Alors, figurez-vous combien de « gens de maisons » virtuels vous avez autour de vous pour faire votre lessive devenue quotidienne.

Lorsque vous faites le moindre geste, n'oubliez plus que si vous n'aviez pas l'énergie, vous devriez avoir à l'entour de vous pour maintenir votre confort une armée de serviteurs. C'est ce qu'avaient les nobles dans le temps, n'est-ce pas ? Et puis, la bourgeoisie était la classe sociale qui avait les moyens d'avoir des hommes de peine pour avoir une vie confortable, tandis que les petites mains faisaient les besognes. Mesdames, lorsque vous utilisez votre lave-linge, pensez que si vous n'aviez pas cette bonne fée, vous devriez faire la lessive à la main ou avoir une lavandière. Messieurs, lorsque vous chargez votre lave-vaisselle, pensez que si vous n'aviez pas la fée électricité, vous devriez faire probablement la vaisselle à l'eau froide dans une bassine sans produit détergent...

Quant au transport automobile, il a radicalement changé notre mode de vie. Malgré tout le mal qu'on en dit, notre chère voiture restera encore longtemps incontournable. Pensez, lorsque vous faites le plein de votre voiture, que grâce à la concentration en énergie extraordinaire de l'essence ou du gasoil, en moins de trois minutes c'est l'équivalent de l'énergie de quelques 666 chevaux que vous versez dans le réservoir !

2. Qu'est-ce que l'énergie ?

Pour bien comprendre la question énergétique il faut assimiler cette notion que j'évoquais dans l'introduction. L'énergie c'est la grandeur physique qui est nécessaire pour effectuer un travail. Pour réaliser une quelconque activité, il faut consentir un effort, un travail ; c'est un labeur. Si une personne dit qu'elle n'a pas d'énergie, cela signifie qu'elle ne se sent pas capable de faire le moindre effort, le moindre travail. La notion d'énergie et la notion de travail sont donc identiques.

Le travail est défini en physique comme l'effort nécessaire pour déplacer un poids. Pour prendre ce livre en main, vous avez fourni un travail qui est le produit du poids du livre multiplié par la distance entre l'endroit où il était et où vous l'avez amené près de votre corps. Son poids étant faible, vous n'avez pas perçu ce travail, mais c'est la multitude de petits gestes comme celui-là qui font que vous avez besoin de vous nourrir, de prendre de l'énergie. Si vous faites du sport, vous allez déplacer le poids de votre corps sur des distances plus ou moins longues, vous allez accomplir beaucoup plus de travail et vous allez devoir vous alimenter plus ou bien ce sont les réserves énergétiques de votre masse graisseuse qui vont fournir l'énergie.

La notion de poids est celle de la force exercée sur une masse par l'attraction terrestre. S'il n'y avait pas d'attraction terrestre, on n'aurait pas besoin d'énergie pour se déplacer. Mais le monde étant ce qu'il est, pour déplacer la masse de notre corps, il nous faut de l'énergie. L'énergie est donc le déplacement d'une force sur une certaine distance et elle s'exprime en Joule, unité de mesure qui est le produit de l'unité physique de la force, le Newton, par l'unité physique de la distance, le Mètre. Dans le temps, on parlait de Calorie au lieu de Joule. Mais cette unité physique est trop petite pour le monde de l'énergie, c'est la raison pour laquelle on utilise des multiples comme le TJ ou le PJ qui signifient respectivement « Téra Joule » et « Péta Joule » c'est-à-dire respectivement mille milliards (10^{12}) de Joule et un million de milliards (10^{15}) de Joule.

Le Joule étant une unité trop petite, par commodité, parce que c'est plus parlant et parce que le pétrole est l'énergie dominante, les énergéticiens utilisent la « tonne équivalent pétrole » (tep) ou en anglais « *ton oil equivalent* » (toe) ; on utilise souvent le multiple, million de tep (Mtep). La tep est une unité conventionnelle standardisée définie sur la base d'une tonne de pétrole ayant un pouvoir calorifique inférieur de 41 860 kJ/kg qu'on arrondi souvent à 42 GJ/tep[1]. La quantité d'énergie libérée par une combustion s'appelle le pouvoir calorifique.

Car l'énergie c'est non seulement le déplacement d'une force, mais aussi le déplacement et l'agitation des molécules ou des atomes. La chaleur n'est rien d'autre qu'une forme d'énergie provoquée par l'agitation extraordinaire des molécules qui, par le fait même de ce mouvement, dégagent de la chaleur. Il s'agit en fait de la même notion : la force qui provoque ce déplacement, multipliée par des distances gigantesques parcourues par ces molécules qui s'agitent, dégage de l'énergie.

En matière de production pétrolière, on utilise couramment le baril par jour (b/j) avec un baril (b) correspondant à 159 litres ; la production d'un million de tep équivaut à 20 000 b/j.

Pour l'électricité, l'unité de mesure est le Watt.heure (Wh), c'est-à-dire la puissance (en W) multipliée pas la durée de consommation (nous approfondirons cela dans la question suivante).

---

[1] G = giga, ou milliard.

3. Est-ce que l'énergie et la puissance sont la même chose ?

Non. Et c'est là une source de méprises courantes. La puissance mesure la vitesse avec laquelle un travail va être accompli. Pour se déplacer d'un endroit à l'autre, un coureur ou un vieillard de même poids vont faire le même travail et donc consommer la même énergie, mais puisqu'ils ne vont pas le faire dans le même temps, on dira que l'un est plus puissant que l'autre. La puissance est la vitesse à laquelle l'énergie est produite ou consommée.

Profitons-en pour dire que l'énergie ne se produit ni ne se consomme. L'énergie ne fait qu'être transformée. L'énergie solaire a été emmagasinée il y a des millions d'années dans des plantes qui, par la fossilisation, sont devenues du charbon ; cette énergie solaire est devenue l'énergie calorifique du charbon. En brûlant, cette énergie libère de la chaleur qui va chauffer l'eau de cuisson pour vos pâtes, et l'eau chaude que vous allez écouler dans l'évier s'en va avec l'énergie solaire qui avait été emmagasinée il y a des millions d'années. En plus, à chacune des étapes, on a perdu en efficacité de sorte que de moins en moins d'énergie est utilisée à chaque étape, le reste étant perdu au fur et à mesure des transformations. Par cette explication, on aborde deux principes fondamentaux de l'énergie appelés le premier et le second principe de thermodynamique. Le premier garantit que la quantité d'énergie se conserve et le second déclare que, s'il y a bien conservation, il y a toutefois dégradation. L'énergie qui est dans l'eau de cuisson de vos pâtes, vous ne pouvez pas la concentrer pour en faire l'énergie qui est dans le charbon et l'énergie qui est dans le charbon, vous ne pouvez pas en faire de l'énergie solaire. C'est ce que les thermodynamiciens appellent la perte d'entropie.

Revenons à la notion de puissance. Une ampoule électrique à filament de 100 W qui va fonctionner pendant 10 heures va consommer 100 W x 10 h = 1 000 Wh ou 1 kWh. Une ampoule à basse consommation qui va vous donner la même intensité lumineuse ne va consommer que 25 W et, sur la même durée, vous n'aurez consommé que

0,25 kW. Pour la même quantité de lumière, c'est-à-dire de confort, on a besoin de 4 fois moins de puissance et partant d'énergie.

Pour les centrales électriques, la taille se mesure en mégawatts (MW) c'est-à-dire qu'on les caractérise par leur puissance. La quantité d'électricité produite se mesure quant à elle en wattheures ou plus exactement par son multiple le mégawattheure (MWh), calculé en multipliant la puissance (MW) par le nombre d'heures de production d'électricité. La différence entre ces deux grandeurs physiques est fondamentale puisqu'elle évite toute confusion possible entre la capacité de production d'une installation et sa production réelle.

C'est là que réside un des problèmes majeurs des énergies dites renouvelables[2], et en particulier de l'énergie éolienne. Alors que la taille d'une centrale thermique (au gaz, au charbon ou nucléaire) se situe généralement entre 300 et 1 200 MW et qu'elle fonctionne pendant 8 000 heures par an, l'éolienne n'a qu'une puissance de 0,7 à 3, voire dans l'avenir, 5 MW. De plus, la vitesse variable du vent influe sur sa durée de fonctionnement qui ne dépasse pas généralement 2 500 heures, ce qui fait qu'elle n'est pas nécessairement disponible lorsqu'on en a besoin. Le facteur d'échelle est donc de plusieurs centaines à plusieurs milliers ! Il n'est dès lors pas très logique de vouloir comparer ces différents types d'installations. C'est de là que proviennent les nombreux malentendus sur le sujet auprès des profanes. C'est la raison pour laquelle le nombre de fermes d'éoliennes, pourtant si décriées par certains pour leur impact visuel, devrait être multiplié considérablement si l'on voulait qu'il représente une part plus significative du bilan énergétique.

Hélas, les bonnes intentions, l'engagement, la conviction même ne sont pas suffisants pour contourner les lois de la physique…

---

[2] On aurait dû les appeler « naturellement disponibles ».

4. Qu'est ce que l'énergie primaire et qu'est-ce que l'énergie finale ?

Il convient de distinguer l'énergie primaire de l'énergie finale, surtout pour comprendre l'importance relative de chacun des acteurs du monde de l'énergie, notamment pour savoir comment ne pas la gaspiller. L'énergie primaire c'est, par exemple, celle contenue dans le charbon, le pétrole, le gaz, la force du vent, les rayons du soleil, ou l'atome d'uranium, etc. L'énergie finale est celle contenue dans le carburant pour le transport et l'électricité, mais aussi dans le charbon, le gaz ou le fuel lorsque vous l'utilisez pour vous chauffer.

Cette différence illustre le rôle déterminant de l'industrie de l'énergie. Dans une raffinerie pétrolière, il entre de l'énergie primaire sous forme de pétrole brut et il en sort divers produits dont des carburants pour votre automobile qui sont une énergie finale. Dans une centrale électrique, il entre du charbon, du gaz naturel ou de l'uranium sous forme d'énergie primaire et il en sort de l'électricité sous forme d'énergie finale. Par contre, pour vous chauffer ou pour produire votre eau chaude sanitaire, vous utilisez une énergie primaire du gaz ou de l'électricité qui est également une énergie finale.

Par exemple, en 2006, la demande d'énergie primaire de l'Union européenne à vingt-sept pays était de 1 825 Mtep et la demande finale de 1 176 Mtep. Le rendement énergétique de l'Union obtenu par l'inverse du rapport de ces deux chiffres était de 64,4 %, démontrant que presque un tiers de l'énergie consommée était irrévocablement perdue, à cause du second principe de la thermodynamique, en transformant l'énergie primaire en énergie finale. L'énergie est capricieuse, elle n'aime pas être transformée ; elle se venge en faisant disparaître sa forme utile. Il faut donc éviter autant que possible les transformations. Par exemple, transformer du gaz naturel en électricité pour ensuite chauffer de l'eau sanitaire est plus énergivore que de chauffer directement cette eau à partir du gaz.

5. Est-ce que les différents types d'énergies sont interchangeables ?

En théorie oui, puisqu'on vient de dire que ce qui compte c'est le déplacement d'une force. Mais en pratique non, chaque type d'énergie ayant ses spécificités pour une utilisation la plus adaptée.

L'énergie offre trois grands types de « services » auxquels on peut pratiquement rattacher une forme d'énergie particulière. Ce sont les trois formes que prend l'énergie finale et il n'y en a pas d'autres :

- la production de chaleur ou de réfrigération, que l'on appelle également usage stationnaire (que ce soit pour des besoins de l'industrie ou pour les usages domestiques ou tertiaires pour le chauffage ou l'eau chaude) ; cette production n'utilise pratiquement que des énergies fossiles ou le bois ;
- le transport, activité qui repose à 98 % sur les carburants issus du pétrole ;
- l'électricité qui est elle-même issue de barrage ou de chute d'eau, de la combustion du charbon ou du gaz naturel, de l'énergie nucléaire ou des énergies renouvelables.

Il est fondamental de comprendre ces différences, autrement on risque de mélanger les genres et de penser par exemple que l'énergie éolienne peut contribuer à régler notre dépendance au pétrole du Moyen-Orient. J'ai entendu le ministre d'un pays que je connais bien qui défendait l'énergie photovoltaïque (production d'électricité à partir du rayonnement solaire) en justifiant son choix à coût exorbitant parce que les seuls à pâtir du développement de cette énergie seraient les cheiks arabes qui ne nous vendraient plus leur pétrole. Comme si, en Europe, on ne produisait de l'électricité qu'à partir du pétrole. Il y a longtemps (depuis les chocs pétroliers des années 1970) qu'on a compris qu'on ne peut pas brûler cette richesse extraordinaire qu'est le pétrole pour produire de l'électricité. Le pétrole, aujourd'hui, n'est utilisé que pour des productions d'électricité marginales (dans les petites îles ou des centrales destinées à satisfaire les pointes de demande, et encore, de moins en moins pour cette dernière).

Inversement, l'énergie nucléaire ne peut être utilisée que pour la production d'électricité. Elle ne va pas permettre d'alléger la consommation de pétrole que nous utilisons pour le transport automobile, et elle n'est pas utile pour chauffer votre maison sauf indirectement, c'est dire si nous utilisons cette électricité dans des radiateurs.

Quant au charbon, énergie abondante et bon marché, il ne va pas alimenter tel quel votre automobile (on verra par la suite que sa transformation en hydrocarbure, qui est réalisable, est toutefois prometteuse).

6. Pourquoi le pétrole est-il la clef de l'énergie ?

On confond souvent politique de l'énergie et politique pétrolière. La raison principale est due au fait que le pétrole est assurément et de loin l'énergie primaire la plus attractive, tout simplement parce qu'elle se présente sous forme liquide. Cette simple propriété physique, qui peut sembler banale, est à la base de l'engouement que cette énergie fossile suscite. Grâce à cette propriété, le pétrole – mais aussi les produits pétroliers qui en sont dérivés – peut être transporté plus facilement que les autres énergies fossiles ; pensez aux difficultés de manipulation du charbon et aux contraintes d'étanchéité du gaz. C'est la raison pour laquelle on retrouve les produits pétroliers même dans les endroits les plus reculés du monde. Il peut être transporté sur de longues distances puisque, depuis longtemps, les pétroliers traversent les océans ; l'électricité peut l'être également, mais au prix de pertes importantes qui de fait limitent son transport, ce qui explique qu'il faille répartir les centrales électriques sur le territoire.

Un autre argument qui privilégie le pétrole est qu'il est incontournable pour l'instant et sans doute pour longtemps encore comme carburant automobile. Songez à la difficulté que vous auriez si votre voiture devait fonctionner au charbon comme cela fut le cas pendant une partie de la Seconde Guerre mondiale. Quant au gaz, il suffit de constater que les voitures équipées au GPL (un autre sous-produit du pétrole) ne sont pas admises dans les parkings couverts, alors qu'il s'agit d'un carburant automobile particulièrement intéressant.

Le pétrole est également l'énergie la plus multi-usage. Grâce à l'or noir, on peut se chauffer, se mouvoir et produire de l'électricité. Toutes les autres énergies ne permettent pas de faire cela ou, si c'est possible, de façons bien plus difficiles.

Le pétrole est comme le cochon : on récupère tout et rien ne se perd. Les produits qui en sont dérivés ont des usages très variés : transport automobile, transport aérien, fuel de chauffage, bitume pour les routes, gaz GPL, et même production d'électricité à partir du coke de pétrole. Tout cela grâce au fractionnement qui a lieu dans les raffineries.

Il ne faut pas perdre de vue non plus que 13 % du pétrole est utilisé non pas en tant qu'énergie, mais comme matière première pour la production de l'industrie chimique (plastiques, peintures, produits phytopharmaceutiques…). C'est là un usage noble pour lequel il convient de limiter, autant que faire se peut, la destruction de cette matière première précieuse dans une flamme d'une combustion (que ce soit en centrale électrique ou dans le moteur automobile).

Tout cela mis ensemble conduit à montrer que le pétrole est une richesse sans pareil. Si le gaz naturel vient contester sa suprématie, c'est parce qu'il produit moins de CO_2 par unité d'énergie consommée. Mais ne nous berçons pas d'illusions : le pétrole restera incontournable encore pendant longtemps et son abondance est encore suffisante pour que la géopolitique de l'énergie soit conditionnée avant tout par cette énergie qui, plus que jamais, mérite bien son appellation d'*or noir*, comme l'avait déjà popularisé Hergé en 1939 dans *Tintin au pays de l'or noir*. C'est pour cela – pour reprendre une jolie image du président Georges Bush – que nous sommes devenus « accros » au pétrole.

Hélas, chaque baril de pétrole que nous brûlons ne sera plus jamais réutilisé. Il finira bien un jour par ne plus y en avoir même si cela est encore loin, et peut-être très loin, du moins à l'échelle de la vie humaine.

7. Quelle est l'origine des crises énergétiques de 1973 ?

Plusieurs éléments. Le premier est dû au fait que depuis que le pétrole a jailli en Pennsylvanie un samedi d'août 1859, les compagnies pétrolières se sont comportées en maîtres sur cette énergie et que les pays qui disposaient des réserves ne recevaient que les miettes de cette manne. La rente pétrolière (voir question n° 38) était répartie entre les sociétés et les utilisateurs des produits pétroliers qui ne payaient pratiquement rien pour l'or noir. La tentative du Premier ministre de l'Iran, le docteur Mossadegh, de s'approprier légitimement une partie de cette rente, en 1951, a entraîné la chute de son gouvernement et le Shah d'Iran a repris le pouvoir. Mais cela a donné des idées à l'italien Enrico Mattei qui commence à proposer des contrats *fifty-fifty* aux producteurs. Mouvement suivi par tous les pays pétroliers du monde arabe qui vont ainsi réclamer une répartition plus équitable de la rente pétrolière.

La seconde raison est que, précisément, ces pays producteurs, se rendant compte que les États qui soutiennent Israël sont fortement vulnérables compte tenu de leur dépendance au pétrole du Moyen-Orient, vont utiliser cette marchandise comme arme de rétorsion pour leur faire infléchir leur position en faveur de la défense de la cause palestinienne. C'est le colonel libyen Kadhafi qui fut le fer de lance de cette stratégie.

Le jour de la fête juive de Yom Kippour, le 6 octobre 1973, l'Égypte et la Syrie attaquent Israël dans la perspective de forcer l'État hébreu à restituer les territoires conquis lors de la guerre des Six jours de 1967. Dix jours après le début de la guerre, les pays arabes producteurs de pétrole, l'OAPEP (et non l'OPEP) réunis à Koweït City, augmentent le prix de 70 % et réduisent le taux d'exportation du brut vers l'Europe et l'Amérique de 5 %. Soutenus par les Soviétiques, les pays arabes de l'OPEP déclenchent ainsi une hausse sensible des prix de l'or noir, à l'origine d'une crise globale de l'énergie. Ils fixent le prix du baril à 5,75 $/b, alors que la veille il en valait 3 $/b.

Ainsi, le pétrole devient une arme politique de lutte internationale contre Israël et ses alliés. La réduction de la production de 5 % par mois et des mesures d'embargo sont prises contre les pays jugés inamicaux qui sont directement dépendants de l'extérieur pour près des deux tiers de leurs importations : USA, Pays-Bas, Portugal et Afrique du Sud « *jusqu'à ce qu'Israël se soit complètement retiré des territoires arabes occupés en 1967 et que le peuple palestinien soit rétabli dans ses droits* ».

À la fin du conflit, le 23 octobre, l'OPEP réduit sa production de 25 %. Les conséquences sont immédiates. En décembre 1973, lors d'une réunion à Téhéran, le Shah d'Iran annonce que le compromis entre la position de l'Arabie Saoudite (7,5 $/b) et celles des autres membres de l'OPEP (14,5 $/b) est de 11,7 $/b.

L'Europe est contrainte de décréter les « dimanches sans voitures », car il faut économiser le peu de pétrole qui arrive. L'Europe et le reste du monde paniquent sérieusement.

8. La croissance de la demande énergétique est-elle une fatalité ?

J'entends encore résonner dans mes oreilles la phrase du délégué général d'une ONG, lors d'une réunion avec des élus locaux que j'avais organisée peu après l'accord de Kyoto : « *Il n'y a pas de fatalité à la croissance de la demande en énergie* ». Belle phrase, mais trop simple pour être vraie, car tant que la population mondiale augmentera, la demande énergétique suivra aussi, car c'est la population des pays en développement qui augmente et, de plus, celle-ci veut légitimement rattraper son retard. Aujourd'hui, sur les quelques 6,7 milliards d'êtres humains, quelques 2 milliards – presque un sur trois – n'ont pas accès à l'énergie comme nous. Les Nation Unies prévoient qu'en 2050 il y aura entre 7,8 et 10,8 milliards d'êtres humains sur terre et que cette croissance sera due presque exclusivement aux pays aujourd'hui en retard par rapport à nous.

Certes, on pourra nous rétorquer qu'ils n'ont pas besoin de suivre notre modèle de croissance. Allez-le leur dire ! Est-ce que les jeunes de ces pays veulent continuer à jouer du tam-tam ou bien utiliser un mp3 ? Est-ce que les ménagères veulent cuisiner au gaz ou bien avec de la bouse de vache et de chameau ? Est-ce que le fermier veut labourer sa rizière avec un yack ou avec un tracteur ?

C'est cette demande extraordinaire de bien-être apportée par l'énergie qui va entraîner cette population à consommer plus d'énergies fossiles. Chacun va vouloir manger, et si possible se développer, bien vivre, voyager et utiliser Internet. Pensez un instant à la consommation due aux ordinateurs et à Internet. Peut-être pensez-vous que votre souris se contente de quelques clics pour se nourrir ? Mais non ! Derrière tout cela, il y a des consommations d'énergie. Aux USA, les serveurs ont vu leur consommation doubler entre 2001 et 2006 et cela va probablement encore doubler d'ici 2011. Un chip électronique produit autant de chaleur qu'un fer à repasser, d'où la raison du bruit constant du ventilateur de votre ordinateur qui lui aussi consomme de l'électricité. On estime qu'en 2030 il faudra 0,2 TW de capacité installée pour les besoins informatiques mondiaux, l'équivalent de 200 centrales nucléaires de 1 000 MW. Il ne faut pas être surpris si l'on dit que la demande mondiale en énergie va continuer de croître.

Tout au plus, nous serons capables d'absorber une partie de cette croissance par notre efficacité énergétique, véritable pierre angulaire de notre politique énergétique tant aujourd'hui que demain.

Mais il ne faut pas non plus se faire d'illusion, nous aussi – malgré la prise de conscience de notre « empreinte carbone » sur la planète : nous avons tendance à augmenter notre consommation. Depuis 20 ans que nous habitons dans la maison que nous avons faite construire, je surveille ma consommation d'énergie. J'ai fait en sorte que ma maison soit très bien isolée et j'ai « éduqué » mon épouse et mes enfants à la maîtrise des consommations d'énergie. Nous sommes donc attentifs et veillons depuis toujours à mettre en œuvre ce que les médias nous conseillent aujourd'hui de faire. Malgré cela, notre consommation d'électricité et de gaz naturel est à la hausse à cause de notre mode de vie qui a beaucoup évolué. Un seul exemple suffit pour illustrer cette tendance : nous avons maintenant 4 ordinateurs et 4 téléphones portables que nous n'avions pas dans le passé.

Le niveau de vie s'accompagne de nouveaux besoins. Savez-vous que les compagnies aériennes japonaises All Japan Airlines et Japan Airlines vont installer des bidets pour la classe affaire dans leurs nouveaux Boeing 787, avec eau chaude et douchette réglable différemment pour les hommes et pour les femmes ? Elles voudraient bien les installer également pour les passagers des autres classes, mais elles craignent qu'il n'y ait pas assez d'eau pour tous dans un avion.

9. La croissance ne va-t-elle pas détruire la planète ?

Bien sûr, cela aura des impacts sur l'environnement. Comme le démontre la théorie de Kuznets, dans les premiers stades de croissance économique, on assiste à une augmentation de la pollution. Mais, au-delà d'un certain niveau de revenu par habitant (qui varie en fonction de différents indicateurs), la tendance s'inverse, de sorte qu'à des niveaux de revenus élevés, la croissance économique mène à l'amélioration de l'environnement.

Ceci implique que, dans un graphique, l'indicateur d'impact environnemental est une fonction en forme de cloche en fonction du revenu par habitant. On peut trouver dans l'histoire industrielle plusieurs exemples étayant cette théorie.

Par exemple, je me souviens parfaitement qu'enfant, de la fenêtre de ma chambre, j'observais le soir au loin les flammes et le panache de poussières qui l'accompagnait qui sortaient des convertisseurs des aciéries ; les odeurs émanant de la cokerie sont également bien le symbole de cette époque industrielle sans égards à la protection de l'environnement. Aujourd'hui ? Grâce à des mesures réglementaires et législatives, on a arrêté cette pollution qui déposait constamment une couche de poussières noires sur le seuil de ma fenêtre.

Seul quelqu'un qui ne connaît pas bien le dossier pourrait prétendre qu'aujourd'hui en Europe, on vit dans un monde plus pollué qu'il y a 30 ans. L'Europe a fait de la protection de l'environnement une de ses politiques fondamentales. Et, dans le nouveau traité européen de Lisbonne, on reprend la formule déjà prévue dans le projet de traité constitutionnel selon laquelle l'Union européenne a pour vocation non plus seulement de protéger l'environnement, mais également de l'améliorer. Cette amélioration viendra en utilisant de l'énergie et non pas en supprimant la croissance.

La vocation de l'UE n'est donc pas de détruire la planète, mais bien de la protéger tout en permettant à sa population de jouir de conditions de vies satisfaisantes. Cette notion de protection, nous n'allons pas la tenir pour nous, mais la diffuser à l'ensemble des populations qui aspirent à atteindre notre niveau de vie. L'énergie est une solution de cette amélioration et non pas la cause.

10. Le développement durable est-il compatible avec l'utilisation de l'énergie ?

Dans les rapports au Club de Rome[3] dans les années 1970, on soulignait déjà la contrainte que la croissance, et en particulier la croissance économique, occasionnait sur l'écosystème : « *Nos expansions ne s'exercent pas de manière à créer ou préserver ce dont elles auront besoin pour s'entretenir à terme* ». Ensuite dans les années 1980, c'est Madame Brundtland, ancienne Premier ministre de Norvège, qui popularise la notion de développement durable ; pour elle, c'est un développement qui satisfait nos besoins actuels sans compromettre la possibilité des générations futures à satisfaire leurs propres besoins.

Depuis, la lutte pour la protection de l'environnement est devenue une préoccupation majeure de tous. Mais, pour certains, développement durable se résume à protection de l'environnement, lui donnant une importance disproportionnée par rapport aux autres éléments qui constitue le fondement du développement durable. En voici un exemple concret : le 13 août 2008, l'organisme britannique de contrôle de la publicité – l'Advertising Standards Authority (ASA) – suite à une plainte de World Wildlife Fund UK, a jugé l'entreprise Shell coupable de publicité mensongère, pour une campagne suggérant que l'extraction du pétrole des sables bitumineux dans la province de l'Alberta (Canada) s'intégrait dans une politique de développement durable. En fait, Shell a fait valoir que la définition du développement durable reconnue par les Nations Unies est bien le juste équilibre entre croissance économique, protection de l'environnement et sauvegarde des valeurs sociales, mais le juge a retenu que « *le terme durable utilisé dans cette publicité était défini avant tout en termes environnementaux, et nous considérons qu'il serait compris ainsi par les lecteurs* ». Comme quoi cette question est encore bien sujette à interprétation selon le point de vue que l'on défend.

---

[3] On dit « au » Club de Rome et non pas « du » Club de Rome car ce sont des rapports rédigés à l'attention de ce club.

Pourtant, l'étymologie même de l'expression développement durable implique avant tout un développement économique. Il ne s'agit nullement d'aller vers une récession ni même d'un arrêt du développement comme le prétendait le Club de Rome. Certes, il doit inévitablement aller de pair avec une protection rigoureuse de l'environnement, mais vivre dans un monde sans impact sur l'environnement au prix de l'arrêt de la croissance n'est pas du développement durable. Il y a cependant un troisième volet à la notion de développement durable : c'est la prise en compte du bien-être de l'homme. S'il convient de respecter la nature, l'homme doit avant tout être la première priorité. Il n'est pas juste de se lancer dans des dépenses considérables pour des objectifs écologiques à finalité parfois douteuse si cela doit conduire à un appauvrissement de l'humanité, au maintien de la pauvreté dans le tiers-monde, à des délocalisations qui vont conduire à des pertes d'emplois importantes. Protéger l'environnement ? Certainement. Personne, y compris moi, n'aime vivre dans un monde pollué. Mais avec équilibre, c'est-à-dire que les bénéfices écologiques ne doivent pas conduire à dégrader le bien-être de chaque citoyen du monde.

Au contraire, c'est la croissance, encadrée de mesures législatives adéquates et de progrès technologiques, qui engendre le bien-être social, mais aussi la protection de l'environnement.

Par ailleurs, le système économique est si vaste qu'on ne saurait inverser les tendances, aussi souhaitables soient-elles, sans laisser du temps au temps. L'Union européenne a montré plus d'une fois qu'elle était très sensible à ces préoccupations et qu'elle est en fait le leader au niveau mondial en matière de développement durable et de protection de l'environnement.

11. Les pays en développement ne devraient-ils pas se préoccuper davantage de la protection de l'environnement ?

Ce n'est pas si évident... L'analyse psychologique a conduit à la classification des besoins humains en cinq grandes catégories. Cette théorie qui date d'une trentaine d'années est connue sous le nom de la pyramide des besoins de Maslow, théorie qui explique qu'une fois qu'un besoin est plus ou moins satisfait, on a besoin de satisfaire un autre besoin pour pouvoir être motivé dans la vie. Et inversement, ce n'est que lorsqu'un besoin est satisfait, que l'on peut monter d'un niveau dans la pyramide pour être en mesure de satisfaire le besoin suivant. La pyramide d'Abraham Maslow permet de comprendre la hiérarchie des besoins de l'homme. Son premier besoin est celui physiologique (faim, soif, sexe...), ensuite celui de sécurité (abri, stabilité d'emploi, augmenter son employabilité, avoir une vision vers où l'on va). Viennent ensuite les besoins sociaux ou d'appartenance et d'amour (besoin d'appartenir à un groupe, création d'activités communes, être aimé, apprécié par le chef et les collègues, avoir le droit de parler pendant une réunion...). Vient ensuite le besoin d'estime. Le dernier niveau de la pyramide de Maslow est celui de la réalisation. C'est celui du développement de sa personnalité, de l'ouverture aux autres. Il comprend les besoins de transcendance, de spiritualité et du sens de l'esthétisme.

En appliquant cette théorie de la pyramide des besoins de Maslow à la question énergétique, on constate que la protection de l'environnement qui procure en fait un sentiment d'épanouissement et de bien-être ne vient que très haut dans l'échelle des besoins. On ne se pose pas de questions sur le changement climatique lorsqu'on aspire à avoir de l'eau courante chez soi, et chaude si possible. Mettre l'énergie à la disposition de leur population est la première priorité des dirigeants des pays en développement pour leur procurer un niveau de bien-être fondamental. Répétons que le nombre de personnes sur la planète n'ayant pas d'accès aux services de l'énergie est estimé à 2 milliards, soit un habitant sur trois. Ces personnes vivent en dessous du seuil de la pauvreté dans des zones urbaines ou rurales et les sources d'énergie dont elles disposent sont rudimentaires.

Ceci explique largement pourquoi, dans les négociations internationales sur le changement climatique, les pays émergents « ne veulent rien savoir » de nos préoccupations. Ils doivent d'abord se développer et ensuite penser à la nature. Cela a toujours été ainsi. Est-ce que les habitants de Londres qui étaient soumis au *smog* étaient heureux de vivre dans la pollution due à l'utilisation massive du charbon ? Non, mais faute de mieux, ils devaient accepter cette pollution. Les Chinois, surtout après la prise de conscience de la pollution atmosphérique lors des derniers Jeux Olympiques, et les autres habitants des nations en développement, vont exiger de plus en plus de vivre eux aussi dans une atmosphère non polluée. Et leur grand avantage, c'est que nous avons déjà mis au point et déployés les technologies pour le faire. Ils partent donc avec une longueur d'avance sur nous. Le résultat en sera donc plus rapide.

12. Comment peut-on mesurer nos évolutions en matière de consommation d'énergie ?

Comme pour toute discipline, dans le domaine de l'énergie, il convient de disposer d'un ensemble d'indicateurs qui permettent de mesurer les tendances, les évolutions dans le temps, de comparer les pays ou régions du monde, les consommateurs, etc. Cela ne peut se faire avec un seul paramètre et requiert dès lors une série d'indicateurs.

Les principaux indicateurs à la disposition des analystes de l'énergie sont :
- la consommation d'énergie par habitant ;
- l'électricité consommée par habitant ;
- l'énergie consommée par les transports par habitant ;
- l'intensité énergétique ;
- l'intensité carbone ;
- le CO_2 émis par habitant.

Aucun de ces indicateurs à lui seul ne peut donner une mesure univoque de la tendance tant l'équation énergétique est complexe. Même cet ensemble d'indicateurs est insuffisant pour obtenir une lecture précise de la situation. Par exemple, la consommation par habitant d'un petit pays comme le Luxembourg est anormalement élevée, mais elle cache des réalités industrielles et économiques. L'intensité énergétique de la Russie est élevée, mais il est difficile de faire la part des choses entre le gaspillage d'énergie qui résulte de l'héritage de l'époque soviétique, la forte consommation d'énergie due au froid sibérien et la consommation due aux grandes distances dans le pays (« *Les distances, voilà le fléau de la Russie* », disait Nicolas Ier). Il faut donc en plus de ces indicateurs, posséder un sens profond de l'analyse et une connaissance aussi variée que multidisciplinaire pour démêler l'écheveau de l'analyse de la géopolitique de l'énergie.

Un indicateur particulièrement important est celui de l'intensité énergétique que nous venons de nommer. Il mesure le rapport entre la consommation d'énergie et un indicateur d'activité économique. En pratique, il s'agit du rapport entre la consommation totale énergie et le PIB ; il s'exprime donc en tep/M€. En d'autres termes, l'indicateur énergétique révèle la performance énergétique d'un pays ou d'une région économique. Plus l'intensité énergétique est faible, plus le pays est performant en énergie, ce qui est le signe d'une plus grande production de richesses pour une même consommation énergétique.

L'efficacité énergétique de l'UE s'est considérablement améliorée au cours des trente dernières années du fait des effets combinés des changements structurels dans l'économie[4], des technologies plus performantes et des mesures d'économie d'énergie. Entre 1990 et 2005, l'intensité énergétique de l'UE s'est améliorée de 19 %. Mais, selon la Commission européenne qui a adopté en octobre 2006 un plan d'action pour l'efficacité énergétique, il est encore possible, économiquement et techniquement, d'améliorer d'au moins 20 % l'efficacité énergétique d'ici à 2020. En partie parce que les bâtiments représentent une part importante de la consommation totale et que le plus gros potentiel d'économies avec un bon rapport coût-efficacité se trouve dans le secteur de l'habitat (ménages), où le potentiel est estimé à 27 % de l'énergie utilisée, et des bâtiments commerciaux (secteur tertiaire), où le potentiel est estimé à 30 % de l'énergie utilisée. Dans l'habitat, la mise à niveau de l'isolation des murs et des toits offre les meilleures perspectives, tandis que, dans les bâtiments commerciaux, l'amélioration des systèmes de gestion de l'énergie est très prometteuse. L'amélioration des appareils et des autres équipements consommateurs d'énergie offre encore des possibilités d'économies d'énergie considérables. Pour l'industrie manufacturière, le potentiel global est estimé à environ 25 %, les principaux postes étant les équipements périphériques tels que moteurs électriques, ventilateurs et luminaires. Dans les transports, on compte sur un potentiel d'économies similaire de 26 %, étant entendu que ce chiffre tient compte des effets importants résultant du passage à d'autres modes de circulation.

On peut donc espérer diminuer de l'ordre de 14 % la consommation d'énergie en 2020 par rapport à 2005 sans perdre en qualité de vie ; au contraire, souvent une amélioration de l'efficacité énergétique s'accompagne d'un perfectionnement du confort (pensez à l'agréable sensation de confort que vous procure un vitrage super-isolant).

---

[4] Diminution de la part de l'industrie pesante en faveur des activités à haute valeur ajoutée.

13. Est-ce que l'efficacité énergétique ça marche ?

Il n'a pas fallu attendre la crise énergétique ni la volonté de « sauver la planète » pour que les ingénieurs se soucient de l'amélioration de l'efficacité énergétique. De beaux exemples ont toujours existé dans l'industrie chimique : les échangeurs de chaleurs qui réchauffent des fluides en prélevant l'énergie contenue dans d'autres fluides qu'il faut refroidir, les évaporateurs à multiples effets qui permettent en jouant sur la pression d'utiliser la vapeur sortant d'un appareil dans un autre, etc.

Aujourd'hui, dans le cadre du développement durable, ce souci devient plus important, le prix de l'énergie poussant encore plus les opérateurs industriels à être attentifs à leur consommation. Si, dans les ménages, les services, les collectivités ou les administrations on prêtait autant d'attention aux économies d'énergies qu'on ne le fait dans l'industrie, nous n'en serions pas là. Il est vrai que l'industrie, elle, est soumise à la concurrence et que, puisque l'énergie est un facteur de coût important, si elle veut rester compétitive elle doit en surveiller sa consommation. Ce n'est hélas pas aussi vrai chez ceux qui ne sont pas soumis à la concurrence, à commencer par vous et par moi. C'est la raison pour laquelle la Commission européenne insiste également sur l'importance de la prise de conscience, sur l'éducation, sur le rôle des collectivités territoriales et en particulier sur le rôle d'exemple et d'entraînement du maire. À cet effet, elle a lancé en 2008 la Convention des maires, un protocole d'accord sur l'efficacité énergétique pour assurer l'échange et l'application des meilleures pratiques et l'établissement d'un réseau permanent entre ces villes. Cette initiative est la suite logique d'une plus ancienne en faveur de la création d'agences locales ou régionales de maîtrise de l'énergie.

La thermodynamique, la science à la base de l'utilisation de l'énergie, enseigne aussi que, pour produire un travail, il faut une source chaude et une source froide ; en conséquence, toute production thermique d'énergie électrique s'accompagne d'une perte importante d'énergie que l'on retrouve dans les grands panaches de vapeur d'eau qui décorent les centrales électriques. C'est une perte nette d'énergie ; on appelle cela une dégradation de l'entropie. Grosso modo, on estime qu'un tiers de l'énergie primaire est ainsi perdu dans la transformation de l'énergie. Les progrès ont été importants dans le passé, les ingénieurs ayant eu plaisir à développer des cycles et des machines de plus en plus efficaces. Mais on assiste depuis quelques années à une plus grande attention sur ces questions.

Un exemple est celui de la cogénération, une technologie qui permet tout en produisant de l'électricité de récupérer les pertes de chaleurs pour les valoriser, soit dans des processus industriels qui ont besoin d'énergie, soit dans des réseaux de chauffage urbain. Son potentiel est important. Il suffit de mentionner que la cogénération dans le seul secteur de l'industrie papetière en Italie a permis d'épargner 1,8 Mt CO_2 en une année, un chiffre non éloigné des 2,3 Mt de CO_2 épargnées par les mécanismes de certificats blancs[5] depuis leur existence.

Certains pays, comme le Danemark par exemple, sont très actifs dans ce domaine. L'UE a édicté une directive pour que les États membres encouragent – y compris par des subsides s'ils le désirent – la cogénération de haut rendement. Avec ce développement, on s'attend également à la miniaturisation qui devra conduire à la micro-cogénération qui pourrait un jour – peut-être pas trop éloigné – conduire à la production combinée de chaleur et d'électricité dans des immeubles et des commerces (cela ne sera sans doute pas raisonnable pour des habitations individuelles). La combinaison de la cogénération ou micro-cogénération avec des réseaux de chaleur et l'utilisation de la biomasse et des déchets urbains permettra l'émergence de solutions à taille humaine également dans des zones rurales.

On peut également parler des centrales à turbines à gaz : grâce à l'ouverture du marché de l'électricité, la pression sur les producteurs d'électricité les a poussés à développer un système de refroidissement de l'air de combustion tout simple, par une douche d'eau à l'entrée de la

---

[5] Dans le domaine de la production d'électricité à partir d'énergie renouvelable, il existe ce qu'on appelle des certificats verts, qui sont des titres de production de telle électricité qui peuvent être échangés ou vendus. En Italie, comme en France, il existe également des certificats blancs qui sont des titres d'échanges de réduction des consommations d'énergie ; les distributeurs d'énergie sont obligés soit de réaliser des économies d'énergie chez leur clients, soit s'ils ne le font pas, ils sont contraints d'acheter des certificats blancs chez leurs concurrents – ou autres organismes spécialisés – qui ont réalisés des économies qu'ils placent sur ce marché. C'est un mécanisme semblable à celui de la vente de permis d'émissions de CO_2 dans le cadre du protocole de Kyoto.

chambre de combustion, qui permet d'optimiser le rendement. Quel est le temps nécessaire pour amortir l'installation ? Deux mois ! Cela montre bien qu'il y a un potentiel d'économies d'énergie extraordinaire. Il faut le stimuler !

Dans le secteur du transport, on a assisté à des améliorations importantes dans la consommation des automobiles, mais cela a été progressivement érodé à cause de l'augmentation de poids des véhicules dus aux dispositifs qui permettent d'assurer aux passagers une meilleure sécurité. À présent que les véhicules sont devenus particulièrement sûrs, les constructeurs s'attaquent à la réduction de poids en privilégiant les matériaux composites ; cette course à la réduction de la masse sera aussi importante que le développement des véhicules hybrides ou des piles à combustible (voir question n° 37).

Le constructeur japonais Mazda travaille sur l'utilisation des fibres de carbone, une solution très intéressante, mais encore prohibitive. Ajoutons à cela qu'il est quasiment impossible de détruire une carrosserie en matériaux composites. Renault en a fait l'expérience avec le premier « Espace ».

Du côté des carburants également, on s'attend à des progrès. Le carburant Total Excellium Diesel permet une économie de 3,7 % de la quantité de carburant consommée et une réduction d'autant des émissions de CO_2, tout en aidant le moteur à mieux fonctionner et plus longtemps. Par ailleurs, les nouvelles huiles lubrifiantes, que les chimistes fabriquent chimiquement, permettent une économie de consommation de carburant de 3 % sur les véhicules légers et les poids lourds.

Sans trop nous attarder sur ce sujet passionnant de l'efficacité énergétique, rappelons que la Commission travaille sur des normes particulièrement sévères en matière d'efficacité énergétique, normes auxquelles devront satisfaire plus d'une vingtaine de produits consommateurs d'énergie pour pouvoir entrer sur le marché européen (directive Eco-design). Et le temps nous manque pour parler du sujet passionnant des pompes à chaleur qui permettent de pomper de la chaleur d'une source froide vers une source chaude ; elles fonctionnent comme un réfrigérateur à l'envers, la source froide étant l'équivalent de l'intérieur de l'armoire frigorifique et la source chaude étant l'équivalent du serpentin chaud à l'extérieur du frigo. La Commission européenne encourage les États membres à faciliter le développement commercial de ces machines thermodynamiques qui vont devenir de plus en plus simples, performantes et bon marché. D'ailleurs, elle considère ces machines comme exploitant des énergies renouvelables…

Comme toujours, des solutions arriveront progressivement sur le marché. Ne tentons donc pas de régler les problèmes de demain avec les forces et les moyens d'aujourd'hui…

14. Quel avenir pour les énergies renouvelables ?

S'il y a un domaine de l'énergie qui trouve un véritable engouement auprès de la population, c'est bien celui des énergies renouvelables. Par contre, chez ceux qui connaissent le monde de l'énergie, on trouve soit des sceptiques pour ne pas dire carrément des opposants, soit des fervents de ces énergies qui parfois frisent l'idolâtrie. Le biologiste Jeffrey S. Dukes a calculé que les combustibles fossiles que nous brûlons en une année ont été fabriqués au cours des millénaires géologiques à partir de 44 000 000 000 000 tonnes de matière organique. Cela correspond à plus de 400 fois la production primaire annuelle nette du biotope organique. Ce qui signifie que chaque année nous utilisons sous forme d'énergie fossile la quantité de plantes et d'animaux produits au cours de quatre siècles par la nature. L'idée que nous pouvons simplement remplacer cet héritage des temps géologiques avec de l'énergie produite instantanément relève de la science-fiction. Malgré 30 années d'efforts de recherche soutenus et continus, il n'y a actuellement aucun substitut qui puisse générer à partir de la nature la quantité d'énergie dont nous avons besoin. S'il pouvait en être autrement, les dirigeants et les industriels de ce monde n'auraient pas hésité à la mettre en œuvre, ne serait-ce parce que la dépendance géopolitique en matière d'énergie est une épée de Damoclès sur les pays de l'OCDE.

L'énergie fossile est incontournable encore pour des décennies, c'est pourquoi les États développent une stratégie de géopolitique de l'énergie, car ils sont conscients qu'il faudra se battre – heureusement plus dans le premier sens du mot – pour se l'approprier. Le nier, c'est se mettre la tête dans le sable ; et il y en a beaucoup qui le font. Les médias, ayant perçu que c'est ce que la population veut entendre, en profitent pour présenter régulièrement des « recherches qui vont aboutir ». Hélas, comme disait le Général de Gaulle, dans ce domaine en particulier : « *Des chercheurs qui cherchent, on en trouve. Des chercheurs qui trouvent, on en cherche* ». J'ai sous les yeux des magazines et revues des années 1960, 1970, 1980 et tous relèvent des « inventions » qui vont révolutionner le monde des énergies renouvelables. « *Je suis un inventeur de nombreuses inventions* », disait pour se présenter un de ces inventeurs qui m'avait écrit dans les années 1980… Dernièrement, dans un quotidien, un article laissait croire qu'une voiture électro-solaire, dont l'électricité était produite par une éolienne sur le toit, était sur le point de rentrer sur le marché ; information invraisemblable mais si agréable à entendre. On fait croire à la population que les solutions existent. On attend toujours… En fait, c'est depuis le Moyen-Âge que l'on attend, car déjà les savants de cette époque essayaient d'imaginer des artifices pour se passer du dur labeur ; ce fut une quête ininterrompue en vue de trouver le mouvement perpétuel. Cette quête s'est arrêtée avec la découverte de la puissance que recèle l'énergie fossile, mais elle a repris de nos jours… Il convient également de rappeler que la première production d'électricité a été faite par des énergies renouvelables, l'énergie hydraulique. Lorsque le bon sens économique l'imposait, les ingénieurs ont tout naturellement privilégié les énergies renouvelables, car personne ne peut être contre ces énergies tout simplement par principe.

Toutefois, ce n'est pas parce qu'elles sont trop idéalisées, voire idolâtrées par d'aucuns et la population en général, qu'elles ne peuvent pas contribuer à améliorer accessoirement la pression sur la géopolitique de l'énergie. La pression géopolitique de l'énergie est telle que tout ce qui peut l'alléger doit être accepté. Certes, il faut raison garder, notamment du point de vue économique, car c'est bien là la difficulté et non pas les occasionnels oiseaux tués par des éoliennes ou l'intrusion visuelle de celles-ci. Les énergies fossiles ou l'énergie nucléaire étant une énergie très fortement concentrée et les énergies renouvelables étant à l'inverse très fortement diluées, le coût de revient de ces dernières est bien trop élevé par rapport aux premières. Assurément, les défenseurs des énergies renouvelables proclament que, si l'on devait internaliser les coûts externes des énergies non renouvelables, celles-ci deviendraient compétitives. Argument sérieux, mais hélas difficilement quantifiable. Devant cette difficulté non encore résolue malgré les études qui y ont été consacrées, aujourd'hui on part du principe qu'il faut produire des énergies renouvelables et on favorise, par divers types de subsides, leur développement en argumentant que l'on compense les coûts externes pour porter leur prix au même prix que les énergies fossiles. Mais rien ne dit si l'on ne subventionne pas au-delà de ces fameux coûts externes. On le fait parce que c'est politiquement correct. De plus, la grave crise financière de l'automne 2008 va obliger les banques commerciales à mieux tenir compte des risques des projets qu'elles comptent financer. Elles ont déjà fait savoir que les projets dans ce domaine en subiront des conséquences négatives. C'est la raison pour laquelle la Banque européenne d'investissement stimulée par la Commission européenne envisage de faciliter le crédit aux projets d'énergies renouvelables pour palier aux carences qui se font jour dans les banques commerciales.

L'idéalisation des énergies renouvelables est telle que le grand public et ceux qui s'en font les promoteurs inconditionnels ne savent pas (ou feignent de ne pas savoir) que leur utilisation a également un impact sur l'environnement. Combien savent que la région Lombardie doit interdire par une loi régionale la combustion du bois pour éviter des problèmes de pollution atmosphérique graves en hiver ? Combien savent que la moitié de la dioxine produite au Danemark provient de la combustion du bois dans le chauffage domestique ? Si la combustion de la biomasse peut contribuer – faiblement, mais quand même contribuer – à la lutte contre le changement climatique ou améliorer notre sécurité d'approvisionnement, ce n'est pas pour autant qu'il s'agit d'une solution impeccable du point de vue de la protection de l'environnement. D'ailleurs, les plus fermes opposants au développement des biocarburants sont les environnementalistes.

Et que penser de l'opposition de la Royal Air Force de Sa Gracieuse Majesté qui, entre janvier et juillet 2008, est parvenue à faire opposer le veto du ministère de la Défense à la construction de 4 GW de projets éoliens sur un total de 7 GW déposés, au motif que les éoliennes perturbent les signaux radars et partant représentent un danger pour l'aviation ?

Cela étant, il faut, là où c'est intéressant, faciliter l'émergence de ces énergies.

15. Que fait-on pour promouvoir les énergies renouvelables ?

Depuis les chocs pétroliers et pendant des décennies, l'Union a tout mis en œuvre pour favoriser l'émergence des énergies renouvelables. Au début, on ne disposait pas de technologie et on a donc commencé par en développer, notamment à travers le financement de projets de démonstration, au point que l'UE est le leader mondial en la matière tant dans la quantité d'énergie renouvelable produite que dans l'innovation technologique. Personne au monde n'a fait autant que l'UE pour promouvoir les sources d'énergies indigènes et moins polluantes. Progressivement, il a fallu se rendre à l'évidence que les technologies étaient devenues disponibles, mais que les énergies renouvelables ne décollaient pas. Il y a à cela une seule raison : leurs coûts trop élevés. De grâce, ne croyez plus les ignares qui essayent de faire croire que les compagnies pétrolières s'y sont opposées ; perpétrer ces rumeurs, c'est tout simplement refuser de voir comment fonctionne une économie de marché libre telle que nous avons le privilège de l'avoir dans l'OCDE. La stratégie a donc été d'exiger de l'industrie de l'énergie qu'elle produise de l'électricité d'origine renouvelable et de répartir le surcoût sur les consommateurs. Ainsi en 2001, par la contrainte réglementaire, l'UE a imposé l'internalisation des coûts externes.

En 1997, la Commission européenne a lancé l'idée qu'il fallait imposer un objectif de 12 % de la part des énergies renouvelables dans la consommation énergétique totale à l'horizon 2010, ce qui constituait à l'époque un objectif ambitieux puisqu'elles ne représentaient alors que 5,4 % ; elles ne représentent toujours que 7,1 % de son bilan énergétique en 2007. Insistons sur le fait que la toute grosse partie de cette portion est due à l'utilisation du bois-énergie et à la production d'électricité par l'hydraulique. Cette dernière est arrivée pratiquement à saturation dans l'UE et, de plus, si de nouveaux projets se font jour, ils sont soumis à une forte opposition de certains environnementalistes.

Dans sa nouvelle politique de l'énergie, l'Union s'est engagée, le 9 mars 2007, sur un objectif contraignant de 20 % d'énergies renouvelables en 2020. La Commission européenne a défini, sur base d'une méthodologie transparente, l'effort que doit consentir chaque État membre. Ainsi, par exemple, la France doit passer de 10,3 % en 2005 à 23 % en 2020, la Belgique de 2,2 % à 13 % et le Royaume-Uni de 1,3 % à 15 %.

Si l'on veut atteindre cet objectif, il est désormais impératif que les États membres intensifient leurs efforts.

Afin de tenir compte de leurs spécificités nationales, la Commission propose que les États membres soient également libres de définir leur propre stratégie pour atteindre l'objectif général concernant les énergies renouvelables. Bruxelles demande cependant que les États membres définissent des plans d'action nationaux fixant des objectifs précis et sectoriels pour chaque secteur concerné par ces énergies – électricité, biocarburants, chauffage et réfrigération.

De nombreuses niches existent. Il convient de les dénicher et de les exploiter au maximum. Par exemple, en Italie, dans la région des Langhe, dans la province d'Asti, les sous-produits de la vigne sont utilisés pour le chauffage domestique dans des chaudières modernes ; ce n'est pas une exception en Europe. Mais il est plus intéressant de remarquer que c'est dans cette région que l'on fabrique la fameuse pâte à tartiner à base de noisette, le Nutella, car c'est là que l'on produit traditionnellement de bonnes noisettes. Tout naturellement, sans qu'il y ait besoin de subsides, les coques des noisettes sont utilisées à des fins énergétiques dans des chaudières conçues à cet effet. Exploiter les niches est certes plus difficile que d'amener du gaz naturel et de placer une chaudière que l'on peut vendre et trouver dans toute l'Europe, mais c'est un avantage économique et environnemental qui peut contribuer à améliorer notre facture énergétique extérieure et alléger un tant soit peu la pression géopolitique.

Il reste encore des progrès à engranger du côté de la technologie, raison pour laquelle le programme-cadre de recherche de l'UE subventionne des activités dans le domaine. Il faut attendre qu'il y ait une véritable révolution pour espérer que les énergies renouvelables deviennent plus importantes qu'elles ne le sont aujourd'hui. Cette rupture, non encore à portée de main, viendra peut-être de la recherche biologique ; si l'on parvenait à transposer les progrès fabuleux obtenus dans le domaine de la microbiologie pour que la biomasse devienne une source moderne, abondante et concentrée d'énergie, on aurait accompli un grand pas vers l'indépendance énergétique.

En attendant, ne rêvons pas pour éviter les désillusions. En 2020, si grâce à la volonté de l'UE on arrive à 20 % d'énergies renouvelables, au moins 80 % de l'énergie européenne sera de l'énergie fossile et du nucléaire, et dans le monde ce sera encore bien plus.

16. Quelles sont les énergies renouvelables les plus rentables économiquement ?

S'il y a une énergie renouvelable qui fait parler beaucoup d'elle, c'est celle des déchets, et plus particulièrement les déchets urbains. En effet, selon une directive européenne, il faut d'abord recycler les déchets mais ce qui ne peut l'être, en particulier pour les déchets urbains, peut être brûlé avec valorisation énergétique ; la partie organique qui les composent est même considérée comme énergie renouvelable par une autre directive. Cette valorisation est indispensable si l'on veut rejoindre l'objectif de 20 % que l'UE s'est fixé. Il faut donc insister sur le potentiel de récupération d'énergie qu'il y a dans ce qu'on met dans nos poubelles. Selon un rapport de l'Agence européenne de l'environnement du 31 janvier 2008, d'ici 2020 on prévoit une augmentation de la quantité de déchets urbains de 25 % par rapport à 2005. Pour l'Agence, une plus grande valorisation des déchets à des fins énergétiques par l'incinération et la volonté d'éviter les mises en décharges constitue une stratégie fondamentale afin de réduire les émissions de gaz à effet de serre et garantir un bénéfice global pour la société et l'environnement. C'est pour cela, j'insiste, que dans le domaine des énergies renouvelables, il ne faut pas négliger le potentiel de la biomasse, du bois, des résidus agricoles, de la méthanisation, y compris l'énergie des déchets urbains.

Ce qui s'est passé à Naples doit nous servir de leçon. Par idéologie, là comme ailleurs, certains n'ont pas voulu admettre qu'il est légitime, intelligent et propre de brûler les déchets urbains pour en récupérer l'énergie qu'ils contiennent et finalement, à cause de ce tabou, on se retrouve avec des solutions impossibles. Je me rappelle parfaitement de la discussion que j'ai eue en 1998 avec deux membres dirigeants d'une des plus grandes organisations italiennes de défense de l'environnement. Après avoir présenté les faits et les chiffres, la réponse me laissa pantois : « Nous savons que vous avez raison, mais si nous acceptons l'incinération des déchets on continuera à en produire et donc à détruire les ressources naturelles ». Nous y voilà ! En effet, les ressources naturelles doivent être sauvegardées pour ne pas toucher à Gaia ! En se rappelant que l'étymologie de tabou est polynésienne et dérive du verbe *tapui* qui signifie « rendre saint », à son tour l'immondice devient sacrée… Mais cette position était insoutenable dans le temps parce qu'on savait qu'un jour ou l'autre on devait trouver une solution praticable à l'élimination des déchets et qu'on ne peut continuer à les enterrer dans des décharges. Renvoyer la construction d'incinérateurs ne peut conduire qu'à une crise majeure comme celle de Naples, sauf à accepter qu'il faille brûler une partie de Gaia. Insoutenable dans le sens environnemental, parce que brûler les déchets et récupérer une partie de l'énergie qu'ils contiennent est dans l'absolu la meilleure des solutions environnementales pour éliminer le problème que créent les déchets à la société.

En 2005, il y avait dans l'UE plus de 370 installations d'incinération qui ont brûlé 55 millions de tonnes de déchets urbains. La Suède est un des pays les plus avancés pour la valorisation énergétique des déchets en Europe. Ce pays où la protection de l'environnement est une chose sérieuse depuis longtemps recycle 48 % des déchets, il ne met que 5 % en décharge et brûle 47 % de ce qu'à Naples on appelle « immonde » et que les suédois considèrent comme source d'énergie renouvelable.

Il est vrai que la combustion des déchets a eu mauvaise réputation, parce que les technologies utilisées au début n'étaient pas encore à point. Pour incinérer les déchets en minimisant l'impact environnemental, il faut une haute température de combustion et un temps de séjour à ce niveau suffisamment long de manière à détruire tous les composés organiques imbrûlés, dont les dioxines. Aujourd'hui, c'est une chose réglée au point que les directives européennes ne prévoient même pas l'obligation de mesurer en continu les dioxines car un incinérateur moderne n'en produit pas. Au contraire, il en détruit. En effet, dans nos ordures, il y a déjà des dioxines. Si celles-ci ne sont pas détruites dans un incinérateur, elles se retrouveront inévitablement dans les nappes aquifères.

D'ailleurs, depuis 2001, il est officiellement reconnu par une directive de l'UE qui vise la production d'électricité à partir de source d'énergie renouvelable, que la fraction organique des déchets urbains est une source d'énergie renouvelable. En France, sur base de sondages dans différents incinérateurs, il est admis que 56 % de l'énergie produite par les incinérateurs est considérée comme étant renouvelable. En Suisse, cette part est de 50 %. Mais, dans ce pays, 82 % de l'énergie renouvelable hormis l'hydraulique provient des déchets urbains, tandis que l'éolien ne représente que 1 %. En effet, dans la Confédération, pour promouvoir les énergies renouvelables, les autorités ont créé un fond de 200 M€/an qui privilégie le marché et c'est donc l'énergie renouvelable la plus économique qui s'impose. À cause de cela, la principale difficulté pour les incinérateurs est l'opposition des producteurs de biomasse qui se voient concurrencés par une énergie renouvelable nettement moins chère.

Une étude récente a démontré que 54 % de l'énergie contenue dans les déchets européens est perdue. Dans la situation énergétique actuelle, on comprend que cela est difficilement justifiable, raison pour laquelle on assiste partout à un développement des projets de construction d'incinérateurs – y compris à Naples, à présent. L'exemple de Vienne, la capitale autrichienne, est particulièrement intéressant car, après avoir développé le chauffage urbain à partir de l'énergie produite dans l'incinérateur de Spittellau, à présent c'est le refroidissement de certains quartiers qui est en préparation. Vu les dégâts occasionnés à l'image de cette technologie par les opposants dans le passé et encore dans le présent dans certains États membres, la solution en matière d'incinération passe par la transparence et l'information du public ; et alors le bon sens s'impose.

Et le solaire thermique ? La France, surtout avec le bassin méditerranéen, devrait exploiter beaucoup plus cette technologie. On peut faire de l'eau chaude pour la douche et pour la vaisselle avec le solaire, à des prix tout à fait intéressants. En Grèce, en Turquie, à Chypre, tout le monde y a recours. L'Autriche et l'Allemagne sont nettement plus avancées que la France et l'Italie. Une des principales raisons est que, dans nombre de nos pays, on a voulu tout faire à l'électricité et on a ainsi négligé cette filière. Ça commence à bouger et la directive fixant l'objectif de 20 % devrait permettre d'accélérer le mouvement vers cette solution logique, insuffisamment exploitée.

17. Les biocarburants sont-ils aussi prometteurs qu'on le dit ?

Il faut ici distinguer les biocarburants de première et de seconde génération ; les premiers existent et sont commercialisés, les seconds sont encore au stade du laboratoire. Les premiers sont d'une part le bioéthanol, c'est-à-dire de l'éthanol produit à partir de la betterave sucrière, de la canne à sucre, du blé ou du maïs par un processus de fermentation tout comme on produit du whisky ou du genièvre, et d'autre part le biodiesel fabriqué par une réaction chimique entre de l'huile tirée de plantes oléagineuses – comme la graine de tournesol ou le colza – et du méthanol produit par la pétrochimie.

Les biocarburants de seconde génération seront produits par deux filières différentes : soit la gazéification de l'ensemble d'une plante pour produire du gaz de synthèse et ensuite une réaction de Fischer-Tropsch pour produire du diesel synthétique (nous en parlons plus en détails dans la question n° 75) ; soit par des réactions biologiques qui transformeraient la cellulose de l'ensemble de la plante directement en éthanol. Ces filières, encore à l'étude, présentent l'énorme avantage d'utiliser toute la masse de la plante organique et non pas seulement le sucre, dans le cas de la production de l'éthanol, ou de l'huile, dans le cas du biodiesel. L'UE, dont le parc automobile est largement dominé par le diesel, privilégiera la seconde génération par la filière Fischer-Tropsch, tandis que les USA – où les voitures diesel sont l'exception – misent essentiellement sur les réactions biologiques de transformation de la cellulose en éthanol.

On comprend aisément que travailler un sol pour ensuite ne tirer qu'une petite partie qui va servir comme carburant conduit aux surcoûts bien connus associés aux biocarburants de première génération qui ne sont viables que parce qu'il y a des subsides à l'agriculture et des exemptions fiscales sur leur utilisation. Ici, il convient de citer Claude Mandil, lorsqu'il était le directeur exécutif de l'AIE[6] qui a bien résumé le défi en disant qu' « *il n'est pas de développement durable qui soit assis*

---

[6] Agence Internationale de l'Energie.

sur des subventions durables ». Par contre, travailler la terre qui va donner une plante qui sera en toute grande partie transformée en carburant pourrait conduire à une rupture. Nous n'en sommes pas encore là, mais les chercheurs s'y attellent dans l'espoir que la phrase du Général de Gaulle que nous avons citée[7] ne soit pas de nouveau réalité.

---

[7] Voir p. 28.

18. Que fait l'UE dans le domaine des biocarburants ?

Pour diverses raisons – et la politique agricole commune en est une majeure – l'UE a adopté en 2003 une directive fixant un objectif indicatif minimal de 2 % de l'ensemble des carburants vendus à partir de 2005 et de 5,75 % en 2010. Mais, en réalité, l'UE est bien en deçà de ses ambitions puisque l'utilisation réelle de biocarburants s'élevait en moyenne pour l'UE à 0,8 % en 2005 (0,83 % pour la France). Nous sommes encore loin de l'objectif de 2 %. Ceci démontre, comme pour les autres énergies renouvelables d'ailleurs, le manque d'empressement des États membres à mettre en œuvre les décisions prises par le Parlement européen et le Conseil (qu'ils forment pourtant). D'autres – comme les USA – critiquent l'UE parce qu'elle se fixe des objectifs ambitieux qui ne sont pour ces détracteurs que des effets d'annonces.

Dans le même paquet de décision de mars 2007 en faveur d'un engagement contraignant sur un objectif de 20 % pour les énergies renouvelables en 2020 (voir question n° 15), le Conseil européen a accompagné cet objectif par un autre engagement contraignant en matière de biocarburants : arriver à 10 % de la consommation de carburant automobile. Toutefois, il soumet cet objectif à trois conditions :

- modifier la directive sur les tensions de vapeur des essences : un exercice qui n'est pas simple, car vous vous apercevez lorsque vous faites le plein en carburant que les odeurs qui émanent sont déjà significatives et il faudrait que cela le soit encore plus pour pouvoir incorporer plus de biocarburant dans les carburants ;
- mettre au point les biocarburants de seconde génération ; nous venons de dire que l'on en est toujours qu'au stade de la recherche ;
- que la production des biocarburants se fasse avec des critères stricts de durabilité.

C'est sur ce dernier point que se concentrent les discussions, car les plus opposés au développement des biocarburants sont les défenseurs de l'environnement qui ne sont pas du tout convaincus de la pertinence du point de vue environnemental et de la biodiversité de cette filière promue par les défenseurs de l'agriculture. Les pétroliers sont eux à la fenêtre car, s'ils ne veulent pas s'opposer pour ne pas sembler vouloir défendre « leur pétrole », ils ne sont pas préoccupés par le surcoût puisque ce n'est pas sur eux que revient la charge, mais sur le consommateur et le contribuable. De plus, cela leur donne une occasion pour se faire passer comme « écolo » ; il suffit de voir la couleur qu'ils affichent dans leur publicité lorsqu'ils parlent de biocarburants.

Mais il convient de revenir à l'argument des environnementalistes sur la non-durabilité des biocarburants. La question est trop politique pour que nous prenions position, mais il faut savoir que deux thèses s'opposent : certains disent que les avantages des biocarburants en terme de sécurité d'approvisionnement dépassent les inconvénients de ces carburants ; les autres disent que les contraintes sur l'environnement sont trop nombreuses pour les favoriser par des subsides qui devraient être durables et de citer l'impact sur la biodiversité, la consommation d'eau[8], l'impact de l'utilisation massive des engrais, l'érosion des sols ; certains mettent même en cause le bilan énergétique et en CO_2 de la filière en argumentant que l'on consomme plus d'énergie pour produire les biocarburants que ceux-ci n'en fournissent et que l'on produit plus de CO_2 dans l'ensemble de la filière que n'en produirait notre bon vieux pétrole.

Quant à la question de savoir si c'est l'annonce du développement des biocarburants qui a causé l'augmentation du prix des céréales et oléagineux au niveau mondial, elle est d'une complexité telle qu'elle est difficilement abordable ici. Comment croire que quelques pourcentages de biocarburants aux USA et dans l'UE peut perturber le marché mondial agricole ? Pourtant les spéculateurs profitent bien de ces situations et les rentiers des subsides n'hésitent pas à tout faire pour s'approprier l'argent public.

Il est évident que définir une politique de long terme dans des conditions aussi peu claires est un choix politique qui revient aux décideurs. L'avenir – dans 20 ou 30 ans – nous dira si le choix a été judicieux ou non. Signalons, en clin d'œil, que si sur de nombreux points les Européens ont des divergences avec les USA en matière d'énergie, sur

---

[8] Selon le Professeur David Pimentel de l'Université Cornell aux USA, la production d'un litre de bioéthanol à partir de maïs requiert 1 700 litres d'eau ; il est vrai que l'on annonce depuis longtemps l'émergence de nouvelles technologies moins gourmandes en eau...

la question des biocarburants, aussi enthousiaste que Georges Bush, il n'y a sans doute que le président brésilien, Lula da Silva. L'un pour venir en aide aux agriculteurs du Midwest et l'autre pour favoriser les exportations d'éthanol produit à partir de la canne à sucre de son pays, gâté par la géographie de ce point de vue.

19. Qu'est-ce que la sécurité d'approvisionnement énergétique ?

La sécurité d'approvisionnement énergétique est le problème politique majeur qui inquiète les décideurs, mais sans doute pas assez l'opinion publique. La crise gazière entre la Russie et l'Ukraine, en début d'année 2006, nous a rappelé, s'il le fallait, la dépendance de l'Union à l'égard de la Russie et la crise pétrolière en cours, celle de notre dépendance pétrolière, rendant toujours plus l'Europe « accro » aux hydrocarbures. La sécurité d'approvisionnement énergétique est aussi cruciale pour un pays que l'est sa défense. Il n'est pas étonnant que les questions énergétiques soient prioritaires dans les réunions des dirigeants mondiaux comme le G8.

La sécurité d'approvisionnement est centrale pour la géopolitique tout court et la géopolitique de l'énergie en particulier. Cependant, il convient d'emblée de mettre en garde contre toute tentation des Européens – et des Étasuniens d'ailleurs – de penser qu'ils peuvent devenir énergétiquement indépendants, car cette notion est une illusion, du moins dans le paradigme énergétique technologique de ce siècle. La vraie sécurité d'approvisionnement consiste, comme dit le dicton populaire, à « *ne pas mettre tous les œufs dans le même panier* », en diversifiant à la fois le type d'énergie que nous allons utiliser, les pays fournisseurs et même, à partir de ces mêmes pays, les routes d'approvisionnement. Ainsi, on ne doit pas croire uniquement à l'avenir de l'énergie par le nucléaire ou le gaz, on ne doit pas importer du gaz de Russie de façon exagérée et on ne doit pas amener ce gaz russe par une seule tuyauterie.

En fait, la question en jeu est analogue à un investisseur qui veut diversifier son portefeuille d'investissements. Si, par exemple, il se compose déjà d'actions, d'obligations et des biens immobiliers, il voudra ajouter par exemple de l'or. Ou bien il voudra diversifier son portefeuille d'actions, jusqu'ici dominé par les actions à haut risque sur les marchés émergents, en ajoutant des obligations européennes ou nationales ou des valeurs de bon père de famille. Bien que ces derniers produits offrent probablement un rendement inférieur, ils présenteront également un plus faible risque. Contrairement à ce que font des experts du marché financier qui ont développé des méthodes pour optimiser les portefeuilles, dans le domaine de sécurité des approvisionnements énergétiques, la similitude ne peut aller plus loin ; les questions géopolitiques sont très difficilement transformables en équation.

On peut estimer que la sécurité de l'approvisionnement énergétique est assurée lorsque les produits énergétiques nécessaires au bon fonctionnement de l'économie et au bien-être des citoyens sont physiquement disponibles en permanence sur le marché à un prix accessible à tous les consommateurs, dans le respect des préoccupations environnementales, dans le présent et dans l'avenir prévisible. Ce n'est pas peu dire ! De plus, cette sécurité d'approvisionnement doit se décliner sur plusieurs échelles de temps.

L'indépendance énergétique se transforme trop souvent en une forme de dépendance politique. L'Union européenne – tout comme les USA et le Japon – ne peut se permettre de perdre ce degré de liberté et se doit, dès lors, de faire tout son possible pour assurer que l'énergie dont elle a besoin soit fournie dans des conditions économiques raisonnables, mais aussi sans que cela impose une modification des valeurs fondamentales de ses sociétés ou de ses choix politiques, tant internes qu'externes. Cet exemple peut illustrer cette proposition : nous Européens, nous ne pouvons fermer les yeux sur la situation au Darfour afin de pouvoir importer du pétrole du Soudan ; la Chine, elle, le fait, puisqu'elle absorbe 60 % du pétrole soudanais…

Géant économique, mais aussi nain énergétique, l'Union européenne est confrontée à une consommation énergétique en hausse, conjuguée à la réduction progressive de sa production énergétique ce qui l'amène à importer toujours davantage. Aujourd'hui, notre taux de dépendance est d'un peu plus que 50 %, mais d'ici une vingtaine d'années il devrait être de 2/3. Consciente des risques de devenir un Gulliver enchaîné par ses fournisseurs d'énergie, l'UE prend, depuis quelques années, des mesures adéquates, aussi complexes et difficiles qu'elles soient. L'avantage significatif de l'UE par rapport aux États-Unis est que nous sommes entourés de toute part de zones de production de pétrole et de gaz. En partant de l'est, il y a la Russie, la mer Caspienne et tout le Moyen-Orient qui sont à portée de pipeline. Au sud, c'est toute l'Afrique, avec en particulier l'Afrique du Nord, qui peut nous alimenter « facilement » au travers de la mer Méditerranée, d'où l'intérêt de l'Union pour la Méditerranée. À l'ouest, ce sont les réserves de la mer du Nord qui arrivent déjà par conduites. Et au nord, il y a les réserves de la Norvège et, en particulier, de la mer de Barents. De toute part, nous avons la possibilité d'améliorer notre sécurité d'approvisionnement énergétique si nous savons y faire.

La sécurité d'approvisionnement énergétique du Japon est bien plus préoccupante que ne l'est la nôtre. Le pays du Soleil Levant souffre d'un plus grand manque encore de ressources énergétiques domestiques et doit importer de grandes quantités de pétrole brut, de gaz naturel, ainsi que de l'uranium pour ses centrales nucléaires. Son taux de dépendance externe pour son énergie primaire est de 98 % ! Il est en fait logé à la même enseigne que la Corée, mais le volume de ses importations est bien plus important encore.

20. Quelles sont les perspectives énergétiques pour les 30 prochaines années ?

Les énergéticiens ont développé des modèles qui permettent d'avoir une image de ce que pourrait être le futur énergétique. Ces modèles intègrent une multitude de variables économiques, technologiques et politiques, et des tendances pour ces mêmes variables. On pourrait douter de leur validité si l'on se base sur les prévisions qui avaient été élaborées dans le passé pour le Club de Rome (voir question n° 34), mais il existe aujourd'hui tellement de modèles convergents que l'on peut, avec une relative confiance, prévoir ce que peut être le monde énergétique de demain. Les divers résultats donnent une image assez convergente pour les perspectives à 30 ans maximum. Certains tentent des corrélations à 50 ans, mais celles-ci sont créditées d'un indice de confiance trop faible pour leur accorder un crédit suffisant. D'ailleurs, aucun entrepreneur ne se soucie de ce que peut-être la situation dans 50 ans, mais les investissements des industriels de l'énergie ont une durée de vie d'une trentaine d'années et donc cet horizon est tout à fait pertinent pour la prise de décision.

Signalons encore que les modèles convergent assez bien vers ce qu'on appelle les scénarios tendanciels (en anglais « *business as usual* »), c'est-à-dire une tendance de fond sur la lancée de la situation actuelle. Lorsqu'on commence à introduire des éléments qui veulent infléchir ces scénarios, on obtient des résultats qui sont critiqués par les opposants de la thèse défendue par ceux qui ont élaboré le scénario. Par exemple et sans entrer dans le détail, en 2007, Eurelectric, l'association des fédérations nationales des entreprises électriques, a commandité une étude qui, sur la base des hypothèses choisies, prévoit un futur brillant pour la production d'électricité, y compris pour le chauffage et la voiture automobile ; mais cette étude a été critiquée, car elle pénalise lourdement le développement du gaz naturel précisément à cause d'une hypothèse de départ relative à l'évolution de son prix. C'est la raison pour laquelle la boutade du Prix Nobel Nils Bohr, est toujours pertinente : « *L'art de la prévision est très difficile surtout lorsqu'il a trait à l'avenir* ».

D'ailleurs, dans le domaine des études, il convient d'être prudent. Il ne s'agit pas ici de science exacte. L'ingénieur qui calcule la structure d'un pont ou la hauteur d'une colonne de distillation dans une raffinerie se base sur une théorie qui a été démontrée des milliers de fois. Les études dans le domaine de la politique énergétique et du développement durable ne sont pas des exercices similaires. Et, dans ce domaine, il convient de rester modeste et de ne pas faire une confiance aveugle à ces études. D'ailleurs, quand on compte, on ne compte pas tout car on compte mal, et parfois, ce qui compte le plus, on ne le compte pas.

Avec les réserves qu'il convient d'émettre, on peut toutefois penser que la consommation d'énergie au niveau mondial va croître sensiblement. Elle augmentera de plus de 50 % pendant le prochain quart de siècle, soit au rythme d'environ 2 % par an.

En arrondissant les chiffres, disons que l'on passera grosso modo des 11 milliards de tep d'aujourd'hui à 17 milliards de tep. Et, contrairement à ce que pense l'opinion publique, cette augmentation se fera pour toutes les énergies : pétrole, gaz naturel, charbon, nucléaire et énergies renouvelables. Mais c'est le charbon qui augmentera le plus en terme absolu.

Nous avons déjà eu l'occasion de dire que cette augmentation est due à deux phénomènes qui ont un effet synergique : d'une part, la population mondiale est en croissance et, par ce fait même, la consommation énergétique sera en croissance ; d'autre part, le bien-être général entraîne une consommation par habitant plus élevée. L'efficacité énergétique contribue à limiter cette croissance mais, selon toutes les études, elle n'est pas suffisante pour compenser l'augmentation de la demande due aux deux moteurs cités.

C'est cette augmentation continue qui fait dire à beaucoup d'observateurs que cette situation n'est pas durable et qui conduit l'ensemble des décideurs à prendre des mesures pour tenter d'inverser ce scénario tendanciel. Plus que l'épuisement de ressources auquel, selon nous, il ne faut donner plus d'importance qu'il n'en a (voir question n° 34), c'est le jeu géopolitique qui a commencé en 1912 avec Churchill, qui se poursuit aujourd'hui et s'amplifiera demain, qui doit recevoir toute notre attention. Les nations vont faire tout ce qui est nécessaire pour assouvir leur soif d'énergie – y compris, heureusement, la promotion de l'efficacité énergétique.

21. Peut-on changer la situation énergétique en éduquant le public ?

L'utilisation de l'énergie est indispensable à toute activité humaine, de la plus élémentaire à la plus moderne. Chaque geste quotidien implique une consommation d'énergie sans que nous tous, consommateurs, n'en prenions conscience tellement l'acte est banal. C'est cette multitude de petites consommations énergétiques quotidiennes qui, prises globalement, conduisent à une consommation en croissance et qui finissent par avoir un impact de plus en plus important sur l'environnement. Alors que la population se préoccupe, à juste titre, toujours plus de la protection de l'environnement, que ce soit pour des problèmes de qualité de l'air au niveau local ou bien pour des préoccupations plus globales comme c'est le cas pour le changement climatique, un constat s'impose : le lien entre la consommation énergétique quotidienne et l'impact sur l'environnement n'est pas souvent perçu dans toute sa dimension, voire totalement ignoré. On a beaucoup plus entendu parler d'énergie en début 2008 à cause de la flambée du prix du pétrole que depuis l'adoption du protocole de Kyoto. On n'a pas vu de marins pécheurs ou de camionneurs bloquer ports et routes à cause du changement climatique mais bien à cause du prix des produits pétroliers. C'est quand cela fait mal au portefeuille que l'on se préoccupe d'énergie !

C'est la raison pour laquelle on entend souvent dire qu'il s'agit avant tout d'éduquer le public. Oui, mais dans ce concept de « *public awareness* » (sensibilisation du public) il faut redéfinir les objectifs : il est trop facile, et trop peu efficace, de dire qu'on va réduire nos consommations en culpabilisant les gens. La nature humaine est ce qu'elle est. Il faut reconnaître que l'on a tendance à critiquer les autres. Combien de fois n'avez-vous pas entendu dire qu'il fallait supprimer les camions sur les routes, alors que celui qui avance ces propos pense avant tout à pouvoir continuer à utiliser sa voiture ? C'est toujours la vieille litanie du « faites ce que je dis et ne faites pas ce que je fais ».

Pourtant, depuis la Convention de Rio, on a fait du chemin dans la prise de conscience collective. Elle qui s'est progressivement formée dans le domaine de la protection de l'environnement devrait aussi s'imposer progressivement dans le domaine de la gestion de l'énergie. En effet, sans une maîtrise de nos consommations d'énergie, l'objectif du développement harmonieux, équilibré et durable des activités économiques dans l'ensemble du monde, et en particulier dans l'Union, tout en respectant l'environnement, ne pourra être atteint. Il est en effet indispensable d'assurer un équilibre entre la nécessité de protéger notre environnement et celle de satisfaire nos besoins économiques et sociaux.

Cet objectif ne sera atteint qu'avec la participation active d'une multitude d'acteurs intermédiaires. Depuis quelques décennies, les industries, les États membres et l'UE ont entrepris diverses actions coordonnées qui ont permis de découpler la croissance économique et la consommation énergétique. Les instruments utilisés pour atteindre cet objectif vont de la législation à la technologie en passant par des mesures d'accompagnement qui conduisent à un comportement énergétiquement plus sobre, mais encore insuffisant. Sans une application complète du principe de subsidiarité – allant de l'UE aux citoyens en passant par les différents pouvoirs des collectivités régionales et locales, le monde de l'éducation et les associations – des résultats plus ambitieux ne pourront pas être atteints.

On doit notamment arriver à ce que l'ensemble des diverses administrations territoriales contribue à la maîtrise de l'énergie en donnant l'exemple. Cela sera d'ailleurs un bon argument électoral pour les élus qui auront permis de réaliser des progrès en la matière car ils pourront se vanter d'avoir diminué la facture énergétique et donc les taxes locales. Les agences régionales ou locales de maîtrise de l'énergie sont des outils idéaux pour atteindre ce but. Les différents élus en charge des régions et communes devraient être mieux sensibilisés à ces questions et s'engager ainsi à créer une telle agence sur leur territoire. Avec une participation active à tous ces niveaux qui permettent d'agir au plus prêt des citoyens/consommateurs, il sera possible de progresser dans le domaine du développement durable.

Toutefois, si la prise de conscience est nécessaire, elle est également insuffisante. Nous ne réussirons pas suffisamment dans cet objectif parce que notre comportement humain est erratique et non en conformité avec nos souhaits. C'est ainsi pour tant d'aspect de notre vie et c'est ce qui faisait dire, il y a près de 2 000 ans, à l'Apôtre Paul : « *Malheureux que je suis, je ne fais pas le bien que je veux mais je pratique le mal que je ne veux pas* »[9]. C'est donc à travers d'autres mécanismes qu'on parviendra à réduire notre consommation d'énergie en quantité suffisante. Ce n'est pas en culpabilisant le citoyen européen, en lui répétant qu'il pollue et qu'il gaspille, qu'il n'utilisera plus d'énergie. Il faudra bien qu'il se chauffe, qu'il se déplace, qu'il travaille et même qu'il se détende. Tout cela ne peut se faire sans consommation d'énergie. Elle est inhérente à l'activité humaine et en conséquence la production de CO_2 est consubstantielle avec l'activité humaine encore pendant longtemps.

Je suis d'avis qu'il faut pallier notre mauvaise consommation d'énergie par la technologie. L'électronique va compenser le manque d'efficacité dû à nos mauvais comportements, particulièrement grâce aux systèmes automatiques et à la domotique. Un exemple simple est celui des détecteurs qui peuvent enclencher l'éclairage automatiquement lorsque la luminosité est insuffisante ; si une personne doit pousser sur l'interrupteur pour éclairer, il peut oublier de le repousser pour éteindre. Mais, pour économiser, il faut commencer par compter ! En effet, on ne maîtrise que ce que l'on connaît bien et ce que l'on compte bien. C'est la mesure en continu de nos consommations qui nous permettra d'être alertés instantanément de nos gaspillages et de les corriger tout aussi rapidement. Le comptage doit être permanent, autrement il faut attendre la fin de l'année pour avoir les factures et réagir trop tardivement. Il permet sur le court terme la détection immédiate des anomalies, les actions correctives sur les fuites et les surconsommations. Sur le long terme, il autorise d'impliquer les utilisateurs et de leur faire changer de comportement. Aujourd'hui, grâce aux dispositifs électroniques, nous pouvons en permanence mesurer les flux d'énergie dans les logements. En les combinant avec les conditions météorologiques, l'heure de la journée et le nombre de personnes dans le logement, on peut immédiatement identifier les pertes d'énergie et intervenir pour arrêter le gaspillage. Aux Pays-Bas, une expérience en cours permet même de comparer sur Internet sa propre consommation d'énergie instantanée avec celle des consommateurs du quartier (dans le respect de la vie privée évidemment). Les systèmes automatiques dans tous les secteurs d'activités seront largement utilisés à l'avenir pour nous forcer à être efficaces dans notre utilisation de l'énergie. Et, bien évidemment, il faudra développer des produits moins gourmands en énergie, et cela est en préparation grâce à ce que nous appelons l'éco-design.

---

[9] Saint Paul, Epître aux Romains, chap. 7, v. 19.

Ainsi, le suivi des consommations permet non seulement d'économiser de l'énergie mais, en plus, il autorise à construire le discours en donnant l'autorité (« vous voyez que j'ai fait ce que je dis ») et montrer une évolution positive qui permettra de communiquer au-delà de son propre domaine d'action.

On aurait dû faire tout cela dès la fin des crises des années 1970 et sans s'arrêter ! Les psychologues, dans l'avenir, pourront étudier pourquoi nous avons été si enthousiastes pour la production d'énergies renouvelables et si peu intéressés à économiser l'énergie…

22. Le charbon n'est-il pas une énergie du passé ?

La révolution industrielle – que l'on ferait mieux d'appeler la révolution énergétique – a débuté grâce au charbon. C'est cette énergie qui a permis l'essor de la machine à vapeur qui a elle-même conduit à d'autres progrès pour en arriver au monde que nous connaissons aujourd'hui. En Europe, jusque dans les années 1960, le charbon a été « notre énergie », celle qui a permis la naissance de la CECA et à la création de l'UE. Progressivement, la croissance de la demande énergétique a été assurée par l'or noir jusqu'aux chocs pétroliers. Ensuite l'émergence du nucléaire et du gaz naturel a fait que le charbon, très concurrencé, a vu sa croissance diminuer.

Parallèlement, la globalisation du marché charbonnier a fait que de plus en plus de charbons arrivaient en Europe à un prix nettement inférieur à notre prix de production. De ce fait, les États membres charbonniers ont dû commencer à donner des subventions à la production houillère. Les subventions ne peuvent avoir qu'un temps, c'est pourquoi la France et la Belgique ont progressivement fermé leurs mines. Après des années de distribution d'aides, à travers ce qu'on appelle le *Kohl pfennig*, un impôt sur le prix de l'électricité, l'Allemagne à son tour vient de décider en juillet 2007 qu'elle aussi fermera toutes ses mines pour 2018. La Grande-Bretagne de Margaret Thatcher avait déjà réglé ce problème dans le milieu des années 1980 en cassant la grève des mineurs, et seules des mines compétitives sont restées en exploitation. L'Espagne va progressivement suivre l'Allemagne. Reste la Pologne, nouvellement arrivée dans l'UE, qui a encore des réserves significatives et une géologie qui va permettre à son charbon de rester compétitif encore quelques décennies.

Mais l'impression que laisse le charbon est assurément « noire », tant pour la pollution qu'il a occasionnée par le passé que par les chancres industriels qu'il a laissés dans les vieilles régions industrielles et par les problèmes sociaux dus à la fermeture des houillères. Sans oublier la dangerosité du métier de mineur. Cette image négative laisse croire aux novices que le charbon est une gloire du passé.

Rien n'est moins vrai, du moins pour son utilisation. C'est l'énergie qui va avoir la plus forte croissance encore pour les prochains vingt-cinq ans, cela pour des raisons économiques et géopolitiques. Premièrement, le charbon est la calorie la moins chère. Grâce à son coût de production relativement bas dans de nombreux pays du monde, le charbon reste l'énergie la moins chère et son prix est beaucoup plus stable que toutes les autres énergies, principalement du fait qu'il n'est pas soumis à des aléas politiques. Deuxièmement, le charbon se trouve dans de nombreux pays et dans tous les continents, dans des pays stables et démocratiques. Ce qui signifie que la géopolitique a nettement moins de prise sur cette forme d'énergie. Personne ne va se permettre de chasser des entreprises qui auront investi dans des équipements de production charbonnière, personne ne va jouer au chantage, personne ne va utiliser le charbon comme arme politique, etc. De plus ses réserves récupérables s'élèveraient à environ 1 000 Gt soit un indice de vie des réserves de près de 200 ans. Bref, ce que l'on a pu faire, ce que l'on fait encore, en utilisant l'arme du pétrole – et dans une moindre mesure l'arme du gaz naturel – ne peut être tenté avec le charbon. Il est un combustible sans pareil, c'est pourquoi les pays émergents l'utilisent et l'utiliseront de plus en plus…

Il souffre toutefois d'un inconvénient : il pollue… s'il est brûlé sans précaution. Il est responsable du *smog* de Londres jusque dans les années 1960, lorsqu'il était utilisé comme combustible de base dans les habitations. Le charbon est, aujourd'hui encore, responsable de la forte pollution de Pékin et de nombreuses villes chinoises. C'est encore lui le responsable des « pluies acides » qui ont ravagé les forêts de la Silésie et de la Bavière et gravement affecté les lacs de la Scandinavie dans les années 1980-1990. Ce qui a conduit à l'adoption de la directive européenne de 1988 appelée « Grandes installations de combustion », qui a imposé des abattements de SO_2 et NOx, ce qui entraîne une diminution drastique de ces sources de pollution et, à la fin, des « pluies acides ». Il émet toutefois plus de CO_2 que les autres combustibles fossiles par unité d'énergie produite.

Contrairement à ce qu'on pourrait penser, l'extraction du charbon, comparée à la production des hydrocarbures liquides ou gazeux, nécessite moins de capitaux. Produire une tep de charbon requiert un cinquième et un sixième des investissements nécessaires respectivement à la production de la même unité d'énergie de pétrole et de gaz naturel. Les charbonnages créent aussi plus d'emplois que la production pétrolière ou gazière ; si les risques économiques sont moindres, les problèmes sociaux sont, en revanche, bien plus nombreux du fait de la haute intensité de main-d'œuvre, les problèmes de santé et de sécurité. La mécanisation, le management et le savoir-faire ont conduit à une productivité et une sécurisation élevée de sorte qu'on en est plus à « Germinal », notamment grâce aux mesures promues par la CECA. Mais le métier de mineur n'en reste pas moins dangereux, en particulier en Russie et en Chine. On estime que, rien qu'en Chine, plusieurs milliers de mineurs meurent chaque année dans les exploitations.

23. Pourquoi la construction européenne est-elle si étroitement liée à l'énergie ?

L'énergie est à la base du début de l'aventure de la construction de l'Union européenne. Elle est intimement liée à l'histoire de cette construction puisque celle-ci commence avec le traité de la Communauté Européenne du Charbon et de l'Acier (CECA)[10]. L'ambition *in fine* de ce projet était d'empêcher la répétition des guerres et de réconcilier les nations qui s'étaient affrontées pendant des siècles, en premier lieu la France et l'Allemagne. Sous la menace soviétique et le protectorat des États-Unis, il fallait commencer par mettre en commun les outils des affrontements du passé, l'acier et le charbon. Jean Monnet avait compris que l'énergie était le nerf de la guerre.

La CECA, née de la déclaration de Robert Schuman du 9 mai 1950 et entrée en vigueur en juillet 1952, visait à créer un véritable marché intérieur du charbon entre la Belgique, la France, l'Allemagne, les Pays-Bas, le Luxembourg et l'Italie, avec toute une série de dispositions dans le domaine social et la recherche.

La CECA régularisait la croissance des six pays fondateurs de l'Union en facilitant l'approvisionnement de chacun d'entre eux dans les périodes d'expansion et en évitant un repli à l'intérieur des frontières pendant les phases de crise ; elle a permis d'économiser des devises (dollars US) en limitant l'achat de pétrole ou de charbon. Ses meilleurs résultats, elle les obtient dans le domaine social, dans la sécurité des travailleurs et dans la recherche technologique.

Dans le domaine social, elle aide au financement en quinze ans de quelque 112 500 logements pour les travailleurs de la sidérurgie ou des charbonnages, financement précieux qui permet dans beaucoup de cas d'accéder à la propriété. De même, elle prend en charge la moitié des frais de reclassement professionnel des salariés réduits au chômage à la

---

[10] Jean Monnet devient de 1952 à 1955, le premier président du CECA. Dès 1953, le charbon et l'acier circulent librement en Europe pour le plus grand avantage des consommateurs aussi bien que des producteurs.

suite de la fermeture de houillères ou d'aciéries. Grâce à la recherche financée en application de l'article 55 du Traité, la CECA a fait des houillères d'Europe les plus sûres et les plus avancées technologiquement au monde, malgré des conditions géologiques particulièrement défavorables.

Au terme de ses cinquante ans, le traité CECA expira en 2002, après l'intégration des actions prévues dans le cadre du traité de Nice.

Si, à travers les traités CECA et EURATOM (voir question n° 24), les questions énergétiques jouissent d'une place privilégiée au début de la construction européenne, la politique énergétique européenne connaîtra néanmoins une traversée du désert par la suite. Malgré plusieurs tentatives, les questions énergétiques ne seront pas inscrites parmi les compétences communautaires lors des révisions successives des traités. L'opposition aux propositions appuyées par la Belgique, l'Italie et la Commission européenne est farouche, en particulier de la part de la France, lors de la négociation des traités de Maastricht et d'Amsterdam. On parvient quand même à insérer dans le traité une compétence communautaire en matière de réseaux transeuropéen de l'énergie. À Nice, le problème n'est même pas évoqué, tant certains, dont de nouveau la France, ne veulent pas en entendre parler. L'argument français est de taille, puisqu'il concerne essentiellement la question nucléaire : tant qu'il y aura une idéologie anti-nucléaire primaire dans certains États membres, il ne peut être question de mettre en commun la politique énergétique. La France ne désire pas abandonner à une appréciation subjective son indépendance en matière de production d'électricité. On paye aujourd'hui un lourd tribut à cette fracture européenne. S'il n'y avait pas cette forte opposition au nucléaire chez certains États membres, il y aurait une plus grande cohésion en matière de politique énergétique, ce qui serait un bénéfice pour tous, anti-nucléaires compris.

En fait, après la mise en commun de leurs ressources charbonnières, les États membres comprennent que perdre la liberté dans le domaine de l'énergie équivalait à perdre une grande partie de leur liberté géopolitique et se sont montrés, jusqu'à tout récemment, réticents à abandonner cette prérogative régalienne.

Ils parviennent cependant à réaliser que le monde avait bel et bien changé et que la géopolitique individuelle des nations européennes était désuète. Enfin, en 2003, dans la Convention européenne, la politique commune de l'énergie est inscrite dans la liste des compétences partagées entre l'Union et les États membres et confirmée dans le projet de traité constitutionnel du 18 juin 2004.

Dans le traité de Lisbonne, est introduite la notion de solidarité entre États membres, puisque le nouvel article 176 A stipule que « *la politique de l'Union dans le domaine de l'énergie vise, dans un esprit de solidarité entre les États membres :*

a) à assurer le fonctionnement du marché de l'énergie ;

b) à assurer la sécurité de l'approvisionnement énergétique dans l'Union,

c) à promouvoir l'efficacité énergétique et les économies d'énergie ainsi que le développement des énergies nouvelles et renouvelables ;

d) et à promouvoir l'interconnexion des réseaux énergétiques ».

Mais l'article se poursuit en déclarant que les mesures « *n'affectent pas le droit d'un État membre de déterminer les conditions d'exploitation de ses ressources énergétiques, son choix entre différentes sources d'énergie et la structure générale de son approvisionnement énergétique* », ce qui signifie que chacun reste encore maître de ses choix énergétiques.

À l'évidence, certains États membres considèrent que leur choix stratégique en matière d'énergie et d'approvisionnement énergétique en particulier est un droit inaliénable… Comme la défense, l'énergie est trop délicate, trop importante, trop sensible pour la laisser entre les mains des Eurocrates.

24. Qu'est-ce que l'EURATOM ?

Dans la foulée de la signature du traité CECA qui montre qu'il est possible de faire l'Europe au-delà des ressentiments de la guerre, l'ouverture se poursuit avec la rédaction en 1952 du traité instituant la Communauté européenne de défense, mais qui ne sera pas ratifié par la France. L'Europe a besoin d'une nouvelle impulsion, d'un nouveau projet significatif et ce sera l'énergie atomique qui jouera ce rôle. En 1956, a lieu la crise du canal de Suez, ce qui démontre combien l'énergie a un caractère géopolitique.

Le traité de la Communauté européenne de l'Énergie atomique, communément appelé EURATOM, qui entra en vigueur en 1958 en même temps que le traité de Rome, a pour objectif de doter l'Europe d'un approvisionnement régulier et équitable en matières nucléaires et d'assurer la non-prolifération de matériaux fissiles, notamment par des contrôles de sécurité qui visent à veiller que les matières nucléaires ne soient pas détournées de l'usage civil auquel elles sont destinées.

Le traité EURATOM a notamment accordé à la Communauté des compétences pour :
- développer la recherche et assurer la diffusion des connaissances techniques ;
- établir des normes de sécurité uniformes pour la protection sanitaire de la population et des travailleurs ;
- faciliter les investissements et encourager les initiatives des entreprises ;
- veiller à l'approvisionnement régulier et équitable en minerais et combustibles nucléaires ;
- garantir que les matières nucléaires ne sont pas détournées à d'autres fins que celles auxquelles elles sont destinées ;
- exercer le droit de propriété sur les matières fissiles spéciales ;
- créer un marché commun des matériaux et équipements spécialisés ;

- instituer des relations extérieures pour promouvoir l'utilisation pacifique de l'énergie nucléaire.

Le traité EURATOM constitue encore aujourd'hui la base juridique du contrôle de sécurité nucléaire dans l'UE. Il confie à la Commission européenne la tâche de s'assurer que, sur le territoire des États membres, les matières nucléaires ne sont pas détournées des usages pacifiques auxquels elles sont destinées.

Au sein de la Commission, il existe un pôle d'expertise chargé de la définition de politiques et de la gestion des compétences communautaires en matière de sûreté et de sécurité nucléaire, ainsi qu'un Office de contrôle nucléaire composé notamment d'un corps d'inspection d'environ 200 inspecteurs nucléaires assermentés chargés du contrôle de sécurité nucléaire.

Depuis 1957, ces inspecteurs vérifient, d'une part, la cohérence entre la comptabilité et l'inventaire de matières nucléaires déclarées par les opérateurs et, d'autre part, la cohérence entre ces données et la réalité du stock physiquement présent dans les installations. Ces tâches incluent des contrôles et des mesures sur les sites, l'examen des quantités et de la qualité des matières nucléaires, des analyses d'échantillons, l'examen des vidéos de surveillance, la vérification des scellés apposés sur les conteneurs.

25. Qu'est ce que le marché intérieur de l'énergie ?

L'existence d'un véritable marché intérieur de l'énergie est une condition essentielle pour pouvoir atteindre les trois objectifs de l'Europe en matière de compétitivité, de développement durable et de sécurité d'approvisionnement. L'UE a déjà adopté une série de mesures pour créer un marché intérieur de l'énergie permettant d'offrir un choix réel à tous les consommateurs de l'UE, les particuliers comme les entreprises, de créer de nouveaux débouchés pour les entreprises et d'intensifier les échanges transfrontaliers. Il convient d'insister à ce point qu'il ne s'agit pas, comme on l'entend pourtant toujours, de libéralisation du marché. Ce qui a été fait ne procède pas d'une idéologie à la Thatcher, mais puisqu'il a été considéré par la Cour de justice européenne que l'énergie est un bien de consommation, l'électricité et le gaz naturel devaient pouvoir circuler aussi facilement que le charbon, le sucre ou le pétrole. L'ouverture du marché doit donc permettre en principe à de l'électricité finlandaise de pouvoir être vendue en France, si elle trouve acquéreur. Il s'agit là d'une vente virtuelle car, bien évidemment, on ne peut transporter de l'électricité sur de telles distances, les pertes en ligne étant considérables.

Les règles et les mesures actuelles n'ont pas encore permis d'atteindre ces objectifs. Certains signes indiquent que cette absence de progrès conduit les États membres à imposer un plafonnement généralisé des prix de l'électricité et du gaz. Selon le niveau auquel ces plafonds sont fixés, et selon qu'ils sont ou non de nature générale, ils peuvent empêcher le marché intérieur de l'énergie de fonctionner et suppriment aussi tout signal par les prix indiquant que de nouvelles capacités sont nécessaires, ce qui conduit à un sous-investissement et à de futurs problèmes d'approvisionnement.

Une série cohérente de mesures doit à présent être adoptée dans le but de créer avant 2010 un réseau européen de gaz et d'électricité et d'établir un véritable marché concurrentiel de l'énergie à l'échelle européenne. Pour y arriver, il faut assurer la séparation entre les compagnies qui contrôlent les réseaux d'énergie et celles qui assurent la production ou la vente. L'absence de cette séparation dissuade les compagnies intégrées verticalement à investir convenablement dans leurs réseaux, car plus elles augmentent la capacité du réseau, plus elles renforcent la concurrence qui existe sur leur « marché domestique » et font baisser les prix du marché. La séparation de la propriété constitue le moyen le plus efficace pour garantir le choix aux consommateurs d'énergie et pour encourager l'investissement. Ceci est dû au fait que les entreprises de réseau ne sont pas influencées par des intérêts divergents de la génération ou de la fourniture dans leurs décisions d'investissement. Cela permet également d'éviter une réglementation trop détaillée et complexe et d'imposer des charges administratives disproportionnées.

Puisqu'il ne s'agit pas de libéraliser le marché, il convient de le réguler. Les niveaux de pouvoir et d'indépendance des régulateurs de l'énergie doivent être harmonisés sur la base du plus grand dénominateur commun – et non du plus petit – dans l'UE. En outre, les normes techniques qui sont nécessaires pour permettre le bon fonctionnement des échanges transfrontaliers doivent être harmonisées. Par ailleurs, pour qu'un marché unique fonctionne harmonieusement, la transparence est essentielle. Actuellement, les gestionnaires de réseaux de transport donnent des informations de différents niveaux, ce qui rend la concurrence aux nouveaux arrivants plus facile sur certains marchés que sur d'autres. En outre, certains régulateurs exigent plus de transparence que certains autres de la part des producteurs en ce qui concerne les disponibilités, ce qui peut contribuer à empêcher une manipulation des prix.

Enfin, pour qu'un marché fonctionne, il a besoin d'infrastructures et, si des liaisons de sécurité existent bien entre États membres, si l'on veut que l'électricité et le gaz naturel puissent circuler librement, il convient de développer d'urgence un plan d'interconnexion prioritaire. L'UE a nommé quatre coordonnateurs européens afin de suivre les quatre projets prioritaires parmi les plus importants : la liaison à grande puissance entre l'Allemagne, la Pologne et la Lituanie ; les liaisons avec les parcs d'éoliennes en mer en Europe septentrionale ; les interconnexions électriques entre la France et l'Espagne ; et le gazoduc Nabucco qui devrait acheminer le gaz naturel de la mer Caspienne jusqu'en Europe centrale.

L'énergie est un bien essentiel pour chaque habitant de l'Europe. La législation européenne existante exige déjà le respect d'obligations de service public. Cependant, l'UE doit aller plus loin dans la lutte contre la pauvreté énergétique. Il convient d'établir des régimes d'aide pour permettre aux citoyens de l'UE les plus vulnérables de faire face à l'augmentation des prix de l'énergie, d'améliorer le niveau minimal d'information dont disposent les citoyens pour les aider à choisir entre les fournisseurs et entre les possibilités d'approvisionnement, de réduire les formalités à remplir lorsqu'un client souhaite changer de fournisseur et de protéger les clients des pratiques de vente déloyales.

26. Que fait-on pour polluer moins ?

Les pays développés font beaucoup en la matière. Les pays en développement en font moins, mais quand même de plus en plus. Depuis qu'au début des années 1970 on a pris conscience qu'il fallait protéger l'environnement sous l'impulsion des mouvements écologistes, les pouvoirs publics d'abord et les entreprises ensuite ont réalisé qu'il fallait sauvegarder notre environnement. Il est clair que nous avons pris le chemin d'un nouveau système économique fondé sur le développement durable. Ce n'est pas seulement une contrainte, mais également une opportunité, car les normes environnementales peuvent être un atout vis-à-vis des concurrents. C'est presque, semble-t-il, la nouvelle raison d'être de l'Union européenne, sa nouvelle identité : l'Union fonce vers le « durable ». Pour protéger l'environnement, l'Union européenne dessine des bases législatives, des normes, des réglementations de plus en plus précises et contraignantes envers les entreprises pour polluer moins.

Certains entrepreneurs s'inquiètent de l'abondance de la législation européenne en matière environnementale et énergétique. Des contraintes parfois très dures… au prix de la compétitivité de l'industrie européenne ? Au contraire, les normes environnementales boostent la créativité et donnent à de nombreuses entreprises européennes plusieurs longueurs d'avance sur leurs concurrents.

Il est vrai que l'UE brusque un peu certains secteurs de son économie, mais on constate souvent, *a posteriori*, la valeur ajoutée que les nouvelles normes permettent de créer. Prenez par exemple les réfrigérateurs : lorsque la Commission a voulu imposer une labellisation sur leur efficacité énergétique (une note de A à G), le secteur a poussé des grands cris, jugeant qu'une telle mesure était très dangereuse et déstabiliserait le marché. Quelques années après, on constate non seulement que la plupart des réfrigérateurs sont étiquetés « A », mais en plus que de nouvelles catégories sont nées (A+ et A++) pour répondre aux progrès technologiques développés par les constructeurs. L'étiquetage est devenu un argument de vente à l'attention des personnes soucieuses de leur environnement et pour celles qui font attention à leur portefeuille. L'Europe atteint ainsi un double objectif : elle réduit sa production de gaz à effet de serre et elle pousse à l'innovation. Car, il ne faut pas l'oublier, toutes les mesures que prend l'UE s'inscrivent dans le cadre de la stratégie de Lisbonne, qui veut faire de l'UE la région la plus compétitive au monde en s'appuyant sur le développement des nouvelles technologies et de la connaissance, c'est-à-dire l'innovation. Or justement, grâce à cette norme par exemple, les constructeurs de frigos européens ont pris une longueur d'avance sur leurs concurrents étrangers.

Mais les choses ne sont pas toujours aussi roses… Évidemment.

Les engagements de l'Union européenne dans le cadre du processus de Kyoto l'obligent à agir, à s'engager dans une stratégie complexe qui ne fait pas plaisir à tous les secteurs. Avec l'arrivée des droits d'émissions de CO_2, les cimenteries sont par exemple confrontées à un surcoût inévitable puisque le processus chimique de fabrication du ciment produit par nature beaucoup de CO_2. Dans ce cas-ci, les normes européennes donnent aux cimentiers indiens une longueur d'avance sur les cimentiers européens.

Il convient que les entreprises comprennent qu'elles doivent prendre des mesures pour réduire leurs coûts par ailleurs… On ne peut pas avoir le beurre et l'argent du beurre : l'UE s'est engagée à réduire ses émissions de dioxyde de carbone de 20 % pour 2020, elle ne peut pas à côté de cela se tourner les pouces. Elle a donc commencé par agir sur les plus gros pollueurs, et ceux-ci peuvent voir ces nouvelles normes comme autant d'opportunités d'entrer de plain-pied dans la stratégie de Lisbonne. Mais il est clair que l'intention de l'UE est de forcer les entreprises à bouger.

Des voix s'élèvent contre la surabondance et la complexité de la législation européenne en matière environnementale depuis quelques années. De sorte que d'aucuns se demandent si l'Europe n'en fait pas de trop pour protéger l'environnement. Il est vrai que l'abondance législative est une tendance générale. On a connu une frénésie de législations pour créer les conditions d'un marché unique. C'était nécessaire, mais à présent, il est vrai qu'il faut mettre un bémol. C'est pourquoi aujourd'hui une des priorités de la Commission Barroso est de mieux légiférer. C'est-à-dire, d'une part, « faire le tri » (supprimer les législations obsolètes) et, d'autre part, ne pas émettre de directives qui ne sont pas absolument indispensables, privilégier les alternatives lorsque c'est possible (accords volontaires avec l'industrie, etc.). Cela dit, il ne faut pas perdre de vue que c'est souvent la législation qui fait bouger les choses. Prenez le cas des éoliennes : il y a vingt-cinq ans qu'on en parle et, pendant vingt ans, on a encouragé les développements techniques. Mais sans un coup de pouce législatif européen – à savoir l'obligation de produire de l'électricité verte et l'autorisation de subventions – elles ne seraient jamais arrivées sur le marché car elles coûtent trop cher.

En fait, le développement deviendra réellement durable, c'est-à-dire qu'il se poursuivra dans le temps, si la protection de l'environnement permet de gagner de l'argent. Si l'on doit compter uniquement sur la bonne volonté, le sentimentalisme et l'engagement déterminé d'une minorité, on n'y arrivera pas. Non pas que cela ne soit pas méritoire, au contraire. Mais les masses en jeu, comme nous le disions dans l'avertissement de cet ouvrage, sont telles qu'il faut exploiter le levier du gain pour qu'il y ait des résultats positifs pour la grande majorité de la population et de l'environnement. Cela peut choquer, mais notre monde regorge d'exemples où « le gain de certains a conduit au bien-être des autres ».

27. Pourquoi la lutte contre le changement climatique est-elle si difficile ?

Parce qu'il s'agit de lutter contre une conséquence directe du progrès, du bien-être, de ce qui a fait sortir l'humanité de l'esclavage et de la misère. Nous avons insisté pour dire que toute activité humaine – sauf à retourner à l'esclavage ou à la servitude – va s'accompagner d'une consommation d'énergie. Sauf à vouloir nier au monde en développement le droit à la croissance, je ne vois pas comment, au niveau mondial, on réduira avant longtemps la consommation d'énergie puisque le nucléaire et les énergies renouvelables ne pourront complètement remplacer les énergies fossiles pendant longtemps. La première partie de ce siècle verra encore les émissions mondiales de CO_2 croître. La lutte contre le changement climatique peut tout au plus retarder cette croissance au niveau mondial.

Que ce soit des scientifiques ou les États qui croient plus à la technologie qu'aux mécanismes de Kyoto, il est clair que ce protocole ne fait pas l'unanimité et que de nombreuses voix s'élèvent pour réclamer un « Kyoto 2 » qui s'appuierait bien plus sur la technologie, quitte à payer un prix plus fort. Une nouvelle approche qui permettrait à tous d'y participer et qui serait exempte de tout malthusianisme.

On assiste à la confrontation de ceux qui ont fait du changement climatique un tabou et ceux qui, s'ils n'acceptent pas de vivre dans un monde pollué et dangereux, refusent d'accepter que le changement climatique soit un moyen pour forger un changement de société. Les premiers semblent oublier que les peuples du tiers-monde veulent devenir des consommateurs eux aussi et qu'ils aspirent à vivre dans une société comme la nôtre. Il serait moralement inadmissible, et même futile, d'espérer qu'ils abandonnent leurs rêves d'une vie plus confortable. Par ailleurs, personne en Occident n'accepterait que l'on touche à son confort et son mode de vie ; très peu de personnes, des idéalistes sans doute, sont prêtes à un retour en arrière concernant notre bien-être. Les gens n'aiment pas changer leur comportement et ce d'autant plus que, quoi qu'en disent les médias, le changement climatique reste pour la très grande majorité des gens une idée abstraite. Prenons l'exemple du transport aérien. Alors que quelques activistes refusent carrément son développement et manifestent contre l'extension des aéroports ou fustigent les compagnies à bas coûts, la grande majorité des Européens préfèrent remplir les aéroports en quête de voyages. Plus on parle de changement climatique et plus on s'émerveille des exploits de l'A-380, les avions se remplissent, les destinations se multiplient, de nouvelles compagnies aériennes se créent et plus les gens sont heureux de pouvoir sillonner l'Europe et le monde pour en découvrir ses beautés, visiter parents, amis et « faire l'Erasmus ».

Nous pouvons évoquer ici le titre du livre de Haroun Tazieff, *La Terre ne cessera pas de tourner à cause du changement climatique*, car les solutions technologiques influenceront les progrès de la société.

Ce ne sont pas des marginaux qui pensent qu'il y a des problèmes bien plus urgents à régler que de tenter de s'opposer au changement climatique avec des coûts désastreux et des résultats dérisoires dans le but de tenter de « *réintégrer le Cosmos* ». Par exemple, le groupe appelé « Consensus de Copenhague » a classé les investissements les plus urgents pour soulager l'humanité. En première place, on trouve l'apport de vitamine A et de zinc, en deuxième place la conclusion des négociations du cycle de Doha. Ce n'est qu'en trentième et dernière position qu'il a placé la lutte contre le changement climatique.

Ceci étant dit, il est évident que la chasse aux émissions des CO_2 incite à une réduction de la consommation d'énergie, réduction qui ne peut être que profitable au point de vue géopolitique et économique. Il existe tant de possibilités de réductions des émissions à un coût zéro, ou très faible, que ce serait une erreur de ne pas les mettre en œuvre sous prétexte que la lutte contre le changement climatique ne serait en réalité rien d'autre que l'agenda caché de certains milieux pour arriver à l'objectif du Club de Rome et changer la société.

Que ce soit dans le cadre de la lutte contre le changement climatique ou pas, des actions pour maîtriser notre consommation d'énergie s'imposent pour des raisons géopolitiques étant donné que la population mondiale voudra consommer plus d'énergie.

28. Sommes-nous certain qu'il y a un effet anthropologique sur le changement climatique ?

L'apparente unanimité politique européenne sur ce dossier ne se retrouve que dans les médias qui sont parvenus à faire croire à la population que tout le monde pense la même chose sur ce sujet : l'Homme est responsable du changement climatique. Pourtant, il suffit d'en parler pour se rendre compte que toute la population ne croit pas à cette théorie. Certes, vous allez rencontrer des convaincus, mais aussi beaucoup qui ont un « bon sens populaire » et qui n'admettent pas ce qu'on présente comme une vérité scientifique.

S'il n'est pas politiquement correct de nier publiquement l'existence du changement climatique d'origine anthropologique – même Georges Bush l'a reconnu lors du G8 de Gleneagles des 7 et 8 juillet 2005 – de nombreux scientifiques commencent à faire part de leur agacement sur le peu d'informations scientifiques contenues dans ce dossier. Après une phase de tétanisation suite au chœur pro-Kyoto, depuis quelques années le dogme devient de plus en plus ouvertement contesté, les réactions négatives se propagent largement. Marcel Leroux qui est professeur de climatologie et dirige le laboratoire de l'université Jean Moulin n'hésite pas à parler d'imposture sur le plan scientifique. Dans son livre *Global Warming - Myth or Reality : The Erring Ways of Climatology*, il explique que ceux qui ne croient pas à l'effet de serre et qui sont las de l'annonce de la catastrophe et de la litanie se retrouvent aujourd'hui dans la position de ceux qui, il y a quelques siècles, ne croyaient pas à l'existence de Dieu ; et de préciser qu'heureusement il n'y a plus d'inquisition.

Le 22 octobre 2007, le chef du Parti Populaire espagnol, M. Rajoy, ose déclarer publiquement, après avoir consulté son cousin, professeur de physique à l'université de Sevilla qui avait réuni « les 10 meilleurs scientifiques du monde », que le changement climatique n'est pas le problème que l'on croit et pour lequel « *il faut être très attentif* » et « *qu'on ne peut le convertir en un grand problème mondial* ». Tollé général, à gauche et à droite, « la tourmente Rajoy » titraient les journaux ! Les instances du Parti Populaire ont dû rapidement réaffirmer leur engagement sur le changement climatique.

Les faits sont les suivants : environ 99,72 % des gaz à effet de serre sont dus à des causes naturelles, principalement la vapeur d'eau, mais aussi les volcans et les animaux (les ruminants émettent du méthane) : de sorte que seuls 0,28 % des gaz à effet de serre (CO_2 anthropologique : ~ 0,117 % et CH_4, NO_X et autres : 0,163 %) sont d'origine anthropologique, une proportion insignifiante, voire tout à fait négligeable. Selon les rapports du GIEC (voir question suivante), c'est cette petite fraction qui déclenche le changement climatique. Selon les sceptiques du changement climatique, cette concentration minime ne peut être la cause première du changement observé. Selon eux, aucune relation causale, physiquement fondée, prouvée ou quantifiée, n'a été établie entre les évolutions de température et la variation des émissions de CO_2 dans l'atmosphère. Pour eux, même si la température globale moyenne a augmenté de 0,74 °C au cours de la période 1906-2003 (en fait des régions se réchauffent – comme l'Arctique occidental – pendant que d'autres – comme la mer de Norvège – se refroidissent), l'évolution du climat suit son propre rythme comme depuis toujours et cela ne dépend en aucune façon du CO_2, et l'homme n'est en aucun cas responsable de ce dernier.

29. Sur quoi se basent les sceptiques pour remettre en cause la théorie du changement climatique d'origine anthropologique ?

Voyons quelques arguments avancés par ceux qui ne pensent pas qu'il y ait un effet anthropologique sur le changement climatique et ceux qui contestent même ses effets négatifs éventuels. La première critique porte sur la méthode qui fait un amalgame entre la science et les choix politiques. Ainsi, par exemple, lorsque nous lisons que les rapports du GIEC (IPCC en anglais) ont été rédigés par plus de deux mille scientifiques, il faut savoir que, dans les faits, ils n'étaient qu'une centaine avec des avis divergents. Ils se contentent d'écrire le chapitre qui les concerne individuellement et ensuite les experts des administrations nationales font un résumé du rapport sur la base d'éléments relevés dans celui-ci. Loin de montrer un consensus, le climatologue Fred Singer fait valoir que la science du climat ne soutient pas le pessimisme en matière de réchauffement climatique. Il explique dans son livre *Hot talk, cold science. Global Warming's Unfinished Debate* que, à moins que le public ne reconnaisse ce fait, les responsables politiques mettront en œuvre des dispositions contraignantes massives dont des taxes sur le carbone (sous forme d'internalisation des coûts externes) qui mettront la société – surtout celle la plus désavantagée – en grand risque. La belle phrase qui déclenche le mécanisme de Kyoto (« *Il existe un faisceau de présomptions de l'origine anthropologique du changement climatique* ») n'est pas une vérité scientifique, car elle n'est pas quantifiable de façon univoque et précise.

Citons le Professeur Richard Lindzen, spécialiste de l'atmosphère, titulaire de la chaire Alfred Sloan de météorologie au prestigieux Massachusetts Institute of Technology qui, en 2001, a démissionné du GIEC, car il a trouvé que ce groupe n'avait pas une attitude scientifique : « *Comme une religion, l'environnementalisme se répand avec la haine pour le monde matériel et encore, comme la religion, il exige de ses adhérents la dévotion plutôt que la rigueur intellectuelle. Il ne tolère pas les dissidents ; ceux qui remettent en cause le message de malheur sont considérés comme des hérétiques, ou "les négationnistes du changement climatique", pour utiliser le vocabulaire "vert". Et, tout comme dans beaucoup de religions, l'itinéraire vers le salut personnel se trouve dans des actes cérémoniaux superstitieux, tels que le changement d'une ampoule ou de planter un arbre après chaque voyage en avion*[11]*... La tragédie est que comme Sir Nicholas Stern ils utilisent un semblant de science pour pousser en avant ce point de vue ».*

Ensuite, on pourrait remettre en question le fait que, parmi les nombreux modèles proposés, c'est sur le plus alarmiste qu'on se base systématiquement pour appliquer les principes de précaution. Un scénario doit être à la fois possible et probable. Or ce sont des scénarios forts improbables qui donnent lieu à de fortes hausses de température. Dans le *Special Report on Emissions Scenarios* (SRES) publié en 2000, les auteurs lancent l'avertissement qu'aucune probabilité n'a été attribuée aux différents scénarios et que ceux-ci ne peuvent être interprétés comme étant des recommandations politiques. Cela n'empêche pas les groupes de pression de s'empresser de médiatiser les données les plus alarmistes, sans s'embarrasser de précautions comme le font les auteurs du rapport. Les médias qui adorent les scénarios catastrophes ressassent ensuite ces données extrêmes qui finissent par conditionner le politiquement correct qui devient à son tour une nouvelle vérité. On accorde aux scénarios les plus extrêmes la place la plus importante alors que, dans la vie courante, c'est le contraire qui prévaut : les cas les plus extrêmes ne reçoivent que peu d'attention. À titre d'exemple, les scénarios appelés A1FI et A2 sont peut-être bien ficelés, mais leurs chances de se réaliser sont très minimes : ils se basent sur des hypothèses hautement improbables (notamment au regard de l'inversion des tendances historiques à la hausse de l'efficacité énergétique et de l'intensité carbone). Le scénario A2 affiche une multiplication par 15 des émissions par unité de PIB, une multiplication par 65 du PIB et ignore les progrès technologiques ! Pouvez-vous imaginer que vous allez être 15 fois plus gaspilleur d'énergie dans l'avenir ? C'est faire fi des progrès que l'homme a toujours accomplis.

Pourquoi choisit-on d'ignorer systématiquement les mesures de températures satellitaires qui donnent une mesure globale de la planète

---

[11] C'est ce que fait Al Gore. Il achète des droits à polluer à des compagnies qui plantent des arbres ou investissent dans les éoliennes et, au retour de chaque vol, il dit qu'il est « carbone neutre », « *dogooder* », c'est-à-dire qu'il fait une bonne action. D'autres font de même... Par exemple, Sergy Brin (le patron de Google) voyage en 767 personnel, mais achète des droits à polluer.

pour préférer des extrapolations à partir de températures prises dans quelques endroits isolés (en Australie, en Antarctique, à Hawaï) ? Les mesures thermométriques en surface indiquent que la température de la terre augmente en moyenne de +0,20 °C par décennie depuis 1979, alors que les mesures satellitaires indiquent une tendance représentant la moitié de ce chiffre. Une étude italienne comparant sur la période 1962-2000 les estimations des 17 modèles de l'IPCC montre qu'il existe de sérieuses limitations dans l'aptitude de ces modèles à présenter les dynamiques globales du climat et a fortiori de modéliser les changements de climat.

À l'occasion des tempêtes tropicales de l'été 2005, les médias, qui se plaisent à colporter le catastrophisme et la litanie, ont abondamment expliqué que l'augmentation de ces ouragans était la conséquence de nos rejets de CO_2 dans l'atmosphère. Je me souviens parfaitement qu'étant en vacances en Bretagne le 30 ou le 31 août, le présentateur du journal télévisé de 13 heures interviewait le directeur général adjoint de Météo France. Ce dernier en bon scientifique a essayé d'expliquer que cela n'avait rien à voir avec le changement climatique et, brusquement, le journaliste vedette l'a interrompu en passant au sujet suivant avec cette phrase : « *On doit donc s'attendre à avoir plus de catastrophes comme Katrina* ». Manipulation publique que personne ne dénonce... Il aurait suffi pourtant d'un quart d'heure d'étude sur le site officiel de la météorologie des USA[12] pour constater qu'il n'en est rien : depuis 155 ans, le nombre d'ouragans diminue et leur violence est stable. La conclusion est exactement le contraire de ce qu'on essaye de nous faire croire : le nombre d'ouragans est inversement proportionnel à la croissance des émissions de gaz à effet de serre dans l'atmosphère. Un colloque qui s'est tenu en décembre 2006 au Costa Rica sous l'égide de l'Organisation Météorologique Mondiale a conclu « *qu'aucun cyclone ne peut être directement attribué au changement climatique* ». D'ailleurs depuis, il n'y a plus eu d'ouragans aussi violents, mais on perpétue la croyance que Katrina était dû au changement climatique, alors que les ruptures des digues de la Nouvelle-Orléans avaient été annoncées bien avant. Chris Landsea, un spécialiste des cyclones, a d'ailleurs démissionné lui aussi du GIEC pour « *ne pas contribuer à un processus motivé par des objectifs préconçus et scientifiquement infondés* ».

---

[12] http://www.nhc.noaa.gov/pastdec.shtml

Les incertitudes ne s'additionnant pas, mais se multipliant (comme dans les calculs de probabilités) on en arrive rapidement à des chiffres tellement faibles que l'on entre dans la sphère de l'improbable. On ne devrait même plus parler d'incertitude, mais d'inconnu. En fait, personne ne peut dire sérieusement de combien changera la température du globe dans cent ans. Pour les détracteurs du changement climatique d'origine anthropologique, il se pourrait même qu'il se refroidisse contrairement à ce que laisse entendre l'IPCC. Il y a peu de temps, on a constaté des périodes de refroidissement, par exemple entre 1940 et 1975, ce qui conduisit le National Academy of Sciences des USA à publier un rapport en 1971 annonçant qu'une nouvelle période de glaciation est devenue une réelle probabilité au cours des 100 prochaines années.

30. Qu'est-ce que la théorie du bâton de hockey ?

Une théorie appelée « bâton de hockey » avait été développée pour illustrer l'augmentation de température depuis l'utilisation des énergies fossiles. Cette théorie étayait les rapports de l'IPCC ; elle était la figure n° 5 de troisième rapport d'évaluation. On l'appelle théorie du bâton de hockey parce que, selon les auteurs, entre l'an 1000 et 1900, la température moyenne a évolué, mais avec des variations mineures de sorte qu'ils prétendent que, tout comme le manche d'un bâton de hockey, la courbe qui représente la température de la terre pendant ces 900 années est une droite. Par contre, depuis 1900, comme la température augmente du fait de l'utilisation des énergies fossiles, la représentation graphique de celle-ci monte rapidement et ressemble à la lame d'un bâton de hockey.

Des sceptiques du changement climatique, McIntyre & McKitrick, ont demandé aux auteurs de cette théorie de leur fournir les données utilisées pour examiner les résultats, mais ceux-ci ont refusé. Arguant que ces données avaient été obtenues avec des crédits publics, les sceptiques se sont adressés aux Nations Unies qui ont bien fini par imposer la mise à disposition des mesures. McIntyre & McKitrick ont vérifié et élaboré les données et ont fini par constater que cette théorie du bâton de hockey était fausse et qu'au cours de la période 1400-1600 la température était aussi élevée qu'aujourd'hui. Ils ont ridiculisé cette théorie en parlant du « *bâton de hockey cassé* ». Cela a eu pour conséquence que le beau graphique de la théorie a été retiré du rapport du GIEC de 2007 admettant ainsi *de facto* qu'il n'y avait pas corrélation comme on l'avait prétendu précédemment.

En 2007, McIntyre toujours, examine de nouveau des incongruités dans les données de la NASA et trouve que la prestigieuse organisation a fait une erreur sur l'interprétation des températures anormales aux USA. Comble de l'ironie, cette erreur est due au fameux « bug de l'an 2000 ». Il découvre que l'année la plus chaude aux USA est 1934 et non pas 1998 comme le prétendait la NASA. Sur les dix années les plus chaudes, on en trouve 4 de la décennie de 1930 (1934, 1931, 1938 et 1939), tandis qu'il n'y en a que 3 sur les dix dernières années (1998, 2006, 1999). Plusieurs années récentes apparaissent comme étant en dessous de la température de 1900 (2000, 2002, 2003, 2004). La NASA a rapidement corrigé ses données et remercie[13] McIntyre pour avoir signalé l'erreur grossière. Une erreur aussi grossière à cause du bug de l'an 2000 non seulement laisse rêveur, mais ce qui l'est encore plus c'est que cette information officielle de la NASA n'a pas été répercutée par les médias. On est même en droit de se demander si, dans ce cas, les médias n'ont pas fait de la désinformation, car ce scoop discrédite la théorie de la catastrophe imminente.

Il est légitime de se demander si, avec une succession d'erreurs, on peut donner du crédit à une théorie pour laquelle, si l'on veut s'opposer à ces effets, vont impliquer des changements drastiques dans notre mode de vie et limiter le développement des pays en retard. Les sceptiques disent donc que l'on est en train de bâtir sur le sable des changements qui vont avoir des répercussions majeures pour les pays développés tandis que les autres se moquent de cette théorie. Mais les sceptiques sont *persona non grata* dans les médias.

Au milieu de toute cette agitation, on perd de vue le fait que le rapport du GIEC de 2007 n'est en réalité pas plus sinistre que le dernier publié en 2001. Sous deux aspects importants, le travail de 2007 est moins alarmant ; premièrement sur l'augmentation prévisible de la température et deuxièmement sur l'augmentation du niveau de la mer.

- Les scénarios donnent à présent des ampleurs de variation qui sont nettement plus imprécises qu'en 2001. C'est un phénomène en contradiction avec l'évolution de la science, car généralement plus celle-ci avance et plus elle est précise. Dans le cas du changement climatique, plus les chercheurs progressent dans leurs travaux, plus leurs prévisions sont aléatoires jetant ainsi un doute sur leur méthodologie.

- Dans les années 1980, l'Agence américaine de protection de l'environnement estimait que les océans monteraient de plusieurs mètres d'ici 2100. Dans les années 1990, le GIEC attendait une augmentation de 67 centimètres. En 2001, on annonçait 48,5 centimètres de plus que le niveau actuel. Dans le rapport de 2007, l'augmentation prévue est de 38,5 centimètres en moyenne... En attendant, Al Gore continue à propager par l'intermédiaire du

---

[13] http://data.giss.nasa.gov/gistemp/

film qu'Hollywood lui a commandé que le niveau de la mer va augmenter de 6 mètres !

Et les sceptiques notent que l'on prétend annoncer de combien va augmenter la température dans 100 ans alors que les modèles de prévisions ne peuvent afficher la température à une semaine. Ce sont pourtant des modèles similaires. La modélisation indique que le doublement de la concentration de CO_2 devrait augmenter la température moyenne de 1,5 °C à 4,5 °C. Or, à présent, on en est aux trois-quarts de ce « double », et pourtant la température n'a augmenté que de 0,6 °C depuis le début de la révolution industrielle. De plus, la plus grande partie de l'augmentation a eu lieu entre 1919 et 1940 et entre 1976 et 1998 (0,4 °C), avec un refroidissement entre ces deux périodes. Les chercheurs ne peuvent expliquer cette différence.

Par ailleurs, sommes-nous certains qu'une augmentation de la température soit si mauvaise ? L'agriculture et les forêts en bénéficieraient ; par exemple, Kenneth Hoeghn et beaucoup des 51 autres éleveurs de moutons groenlandais accueillent favorablement le changement climatique car la trop courte saison de croissance de l'herbe sera prolongée[14]. Il en est de même pour l'eau potable. Les amateurs de la « poudreuse » se plaindront certes, mais la chaleur recherchée par nos peuples, du moins à en croire leurs destinations touristiques, ne serait pas à dédaigner. Lors des rencontres au sommet entre l'Italie, lorsqu'elle présidait l'UE, et la Russie, le président Poutine – sans rire – fit part de son incompréhension à l'obstination de vouloir combattre l'augmentation de température du globe alors que la population russe n'aspire qu'à cela.

N'est-il pas contre-productif de se lancer dans des programmes de réduction de CO_2 sans nuance, ni restriction alors que même l'IPPC, dans son rapport de 2007, ne parle plus de la liaison entre croissance de la température et augmentation du CO_2 dans l'atmosphère ? Les sommes consacrées à de tels programmes à finalité mal définie ou incertaine, ne seraient-elles pas mieux utilisées dans des infrastructures d'approvisionnement en eau potable, dans le traitement des déchets ou pour électrifier les écoles des pays en développement afin que les enfants de ces pays cessent de les fuir comme c'est la triste réalité ? C'est une question légitime soulevée par une partie du monde scientifique, mais que la majorité des médias a décidé d'ignorer.

---

[14] *Wall Street Journal*, 20-22/7/07.

31. Mais alors comment se fait-il qu'Al Gore reçoive le Prix Nobel de la Paix ?

Non seulement Al Gore a reçu ce prestigieux prix, mais il a également reçu un Oscar et même un Emmy Award[15] pour son film documentaire *An Inconvenient Truth*. Ce qui est étrange c'est que la même semaine où il recevait son prix de l'académie d'Oslo, un juge de la Haute Cour de Londres, Sir Michael Burton, rendait un jugement qui opposait un parent d'élève au ministère de l'Éducation britannique qui avait l'intention de distribuer 3 500 copies de ce film pour que les enfants le visionnent à l'école. Le juge n'a pas interdit la projection du film, mais a exigé qu'il soit précédé d'un « guide pour la vision » qui est une mise en garde contre le caractère partisan, trompeur et scientifiquement incorrect du film, taxant ce succès du cinéma en quelque sorte de film de science-fiction comme Hollywood en produit souvent et lui délivre tout aussi souvent des statuettes. Le juge estime que, même si les thèses exposées trouvent leur base dans la science, la même science placée dans les mains d'un habile communicateur et homme politique est utilisée pour donner vie à un message et soutenir un programme politique. Les experts nommés par le juge pour évaluer le film ont trouvé 9 erreurs ou approximations :

1 Le film prétend qu'une étude montre que des ours polaires se sont noyés parce qu'ils ne trouvent pas de glace dans l'Arctique. En fait, cette étude dit que quatre ours se sont noyés à cause d'une tempête particulièrement violente[16].

---

[15] Les Emmy Awards sont des trophées qui récompensent les meilleures émissions et les meilleurs professionnels de la télévision américaine, et parfois même britannique. Ils sont décernés chaque année par l'Academy of Television Arts & Sciences.

[16] Faut-il rappeler que le nom scientifique de l'ours polaire est *Ursus maritimus*, et qu'il est donc fait pour nager ! Il est très émouvant de s'apitoyer sur ces pauvres ours mais les services américains, canadiens et russes de conservation de la nature ont démontré que ces ours sont actuellement plus nombreux qu'il y a 40 ans et proches de leur maximum historiques. En fait, le vrai danger pour ces bêtes bien sympathiques ce sont les chasseurs qui en tuent quelques 300 à 500 par an selon la

2 Le film prétend que la fonte de la neige sur le Kilimandjaro est causée par l'activité de l'homme. Il n'y a pas de preuves pour une telle affirmation.

3 Il n'est « pas possible », contrairement à ce que prétend le film, d'attribuer l'ouragan Katrina au changement climatique.

4 L'assèchement du lac Tchad n'est pas dû au réchauffement climatique, mais à la surexploitation des terres et à la démographie.

5 Selon Al Gore, des récifs de coraux se décolorent à cause du réchauffement climatique. Le juge estime qu'il peut y avoir d'autres facteurs car il n'y a aucune preuve que cela soit dû au changement climatique.

6 La dénonciation du film comme quoi le changement climatique provoquera l'arrêt du Gulf Stream qui plongera l'Europe dans une glaciation est une impossibilité scientifique ; tout au plus il pourrait le ralentir.

7 La fonte des glaces au Groenland et dans l'ouest de l'Antarctique, qui pourrait provoquer une montée des eaux d'environ 6 mètres et qui devrait conduire à l'évacuation de certaines îles du Pacifique y compris de la Nouvelle Zélande, est une assertion « clairement alarmiste ». La Cour dit que les glaces du Groenland ne fondront pas avant un millénaire et que cela provoquera une augmentation du niveau de la mer de quelques centimètres seulement.

8 Le film suggère que la couche de glace de l'Antarctique fond, alors qu'elle est en train de croître.

9 Les deux graphiques qui montrent la concordance de l'augmentation du CO_2 et des températures sur 650 000 ans ne s'appuient pas sur des preuves.

Pour le Professeur italien Franco Prodi, qui dirige l'Institut des sciences de l'atmosphère et du climat, « *la climatologie est une science dure, basée sur la mathématique et la physique, et au lieu de cela tout le monde en débat, même les écologistes improvisés qui n'ont pas la moindre conception des méthodes scientifiques sans laquelle toute affirmation devient une discussion de comptoir de café* ». Il a eu des

---

World Conservation Union. Pour Bjørn Lomborg, mettre fin à ce massacre serait moins cher, plus facile et bien plus efficace qu'un pacte mondial sur le carbone.

ennuis avec le gouvernement italien parce qu'il a dit que la quantification de l'action de l'homme sur le climat est un des problèmes clefs de ce siècle, mais il prétend que même si l'on arrêtait l'effet anthropologique, on irait de toutes les façons vers un réchauffement. Il manque encore tant de pièces à ce puzzle : comprendre le rôle des nuages et des océans, comment fonctionne réellement le cycle de l'eau, comment évolue cet énorme système en interaction entre la Terre et l'atmosphère, etc. On est loin de la catastrophe assurée que prédit Al Gore.

32. Pourquoi les sceptiques du changement climatique sont-ils si peu écoutés ?

C'est bien connu, les médias préfèrent les mauvaises nouvelles. Ils vont donc donner la priorité à tout ce qui contribue à renforcer la position des catastrophistes. La très grande majorité des journalistes traite de ce dossier en commençant par dire que c'est une vérité scientifique irréfragable (même s'ils n'utilisent pas le mot…) et que le monde scientifique est unanime.

Pourtant, le lecteur qui voudrait en savoir plus sur la remise en question du dogme du changement climatique ou de cette religion d'état n'a que l'embarras du choix… s'il voulait s'en donner la peine.

On peut citer ce groupe de plus de 17 000 scientifiques qui ont signé la pétition dite d'« Oregon contre le Protocole de Kyoto » parce que, selon eux, « *il n'existe pas de preuves que les hommes sont en train de provoquer un changement climatique discernable* ». L'auteur de *Jurassic Park*, Michael Crichton, a même écrit le best-seller *State of Fear*, un roman policier reprenant de très nombreux arguments des scientifiques qui ne croient pas à l'origine anthropologique du changement climatique ; la bibliographie qu'il donne à la fin de son roman est digne d'un ouvrage scientifique !

En France, par exemple, on trouve Claude Allègre que l'on ne présente plus. Et aussi Serge Galam, physicien au CNRS, membre du Centre de recherche en épistémologie appliquée (CREA) de l'École polytechnique. Après avoir osé remettre en question le dogme, il a eu de nombreuses difficultés. Le téméraire a écrit : « *Et, comme dans les temps anciens, les nouveaux prophètes nous annoncent la fin du monde et, comme autrefois, la cause en est nos errements, concrétisés par nos abus de consommation. Et pour calmer la "nature", ils demandent encore des sacrifices, heureusement non vivants, mais matériels. Il faudrait renoncer à nos abus de consommation à notre mode de vie, en y incluant la recherche scientifique et les progrès technologiques, assimilés dans cette mouvance à tous les maux écologiques. Et, très opportunistes, les politiques sont de plus en plus nombreux à souscrire à leurs desiderata, pour canaliser ces peurs archaïques qui commencent à se refaire jour, et ainsi renforcer leur pouvoir. Mais, attention, lorsque les scientifiques et les politiques font bloc, ça ne présage en général rien de bon… pour les humains ; voir les précédents historiques : nazisme, communisme, inquisition (les docteurs sont des théologiens). En conclusion, lutter contre la pollution, pourquoi pas, mais si le réchauffement est naturel, ce n'est vraiment pas la priorité ».*

De plus en plus de politiciens commencent eux aussi à faire preuve de courage en dénonçant – malheureusement trop peu souvent en public – ce qui pourrait un jour s'avérer comme la supercherie du siècle. Citons Vaclav Klaus, le président tchèque, qui, devant le Congrès américain, a déclaré que « *le changement climatique est devenu une "religion" qui replace l'idéologie du communisme et menace de limiter les libertés individuelles. Le communisme a été remplacé par la menace de l'environnementalisme ambitieux. Cette idéologie prêche que la terre et la nature sont sous leur protection – comme les vieux marxistes – ils veulent remplacer l'évolution libre et spontanée de l'humanité par une sorte de planification centrale du monde entier. Aucune action gouvernementale ne pourra empêcher le monde et la nature de changer. En conséquence, je suis en désaccord avec des plans tels que le Protocole de Kyoto ou des initiatives similaires, qui fixent des objectifs arbitraires qui requièrent d'énormes coûts sans prospective réelle de succès* ».

Il faudra encore beaucoup de temps avant que des accords internationaux satisfaisants sur cette question soient conclus, ce qui peut engendrer de la frustration. Certains ne veulent pas se satisfaire de petits progrès. Or, s'il ne faut pas traîner pour prendre des mesures, il n'y a vraiment pas de péril imminent. Rappelons que l'on nous annonce une augmentation de la température de 4 °C en un siècle soit 0,04 °C par an, ce qu'aucun thermomètre ne peut mesurer et il ne faut surtout plus donner crédit à l'hystérie médiatique qui, dès qu'il fait un peu plus chaud, clame que c'est une conséquence du fameux changement climatique…

Les sceptiques prétendent que, même si le Protocole de Kyoto était complètement mis en œuvre – non pas seulement par l'UE, mais par tous les 160 signataires – et que les restrictions prévues soient maintenues jusqu'en 2100, ses effets sur le climat seraient difficilement discernables. Tout au plus, cela retarderait de moins d'une dizaine d'années les effets dans une centaine d'années. Entre-temps, on estime que les coûts économiques auront été de 0,1 % à 3 % du PNB mondial. Même si l'on prend la limite inférieure ; c'est un prix énorme à payer pour un bénéfice marginal.

Mais répétons-le, changement climatique d'origine anthropologique ou pas, il y a beaucoup de mesures à prendre en matière d'énergie pour limiter nos émissions de gaz à effet de serre et ainsi améliorer notre sécurité d'approvisionnement et diminuer les tensions géopolitiques.

33. Qu'est-ce que le piégeage du carbone ?

La réduction d'émissions de dioxyde de carbone dans l'atmosphère permettrait d'écarter une objection majeure contre l'utilisation des énergies fossiles. Une des solutions envisageables pour atteindre ce but consiste à capter, transporter et piéger ce CO_2 produit pas ces énergies ; cette technique est connue sous l'acronyme CCS qui signifie « *Carbon Capture & Storage* » (capture et stockage du carbone). Le Protocole de Kyoto y fait expressément référence. On conçoit aisément que cette solution ne soit pas applicable au chauffage individuel et encore moins au secteur du transport. L'importance stratégique de ce dossier a conduit les USA et l'UE à collaborer sur le développement de cette technologie. Ainsi, le « *Carbon Sequestration Leadership Forum* » regroupe également l'Australie, le Brésil, le Canada, la Colombie, l'Italie, l'Inde, le Japon, le Mexique, la Norvège, la Chine, le Royaume Uni et la Russie.

Dans un premier temps il faut faire en sorte que le CO_2 soit concentré, soit en modifiant le combustible avant sa combustion, soit en réalisant la combustion exclusivement en présence d'oxygène (sans les 4/5 de l'azote contenu dans l'air), soit en concentrant le CO_2 après la combustion. Tous ces procédés sont réalisables techniquement, mais leur coût n'est pas négligeable. Ensuite il faudra transporter ce CO_2 concentré jusqu'au lieu où il devra être stocké, et là aussi on ne doit pas s'attendre à des coûts sans implications sérieuses. Enfin, après le transport, il faudra piéger de façon permanente ce CO_2 pour ne pas qu'il perturbe l'atmosphère.

La voie privilégiée aujourd'hui pour ce piégeage est le stockage dans des couches géologiques. Les gisements de pétrole ou de gaz, après l'exploitation ou même pendant, constituent d'excellents réservoirs pour piéger ce CO_2.

À cet égard, l'expérience de l'entreprise norvégienne Statoil dans son gisement de Sleipner[17] en mer du Nord peut servir de prémices. Le gaz

---

[17] Sleipner est le nom d'un cheval à huit pattes de la mythologie scandinave, la monture d'Odin qui pouvait courir plus loin et plus rapidement que tout autre créature.

naturel de Sleipner contenant 9 % de CO_2, il doit être traité pour ramener à 2,5 % sa teneur en ce gaz avant de pouvoir être commercialisé ; cela est fait par un processus du génie chimique bien connu (absorption à base d'amines). Depuis 1996, un million de tonnes par an de CO_2 est ainsi pompé dans un réservoir aquifère salin situé à 1 000 mètres sous les fonds de la mer. C'est parce que le gouvernement de Mme Brundtland avait imposé une taxe sur les émissions de CO_2 que Statoil a préféré réaliser ce projet plutôt que de libérer ce CO_2 dans l'atmosphère. Une des craintes était que dans le cadre de la convention OSPAR de la protection de la mer, on ne considérât que le CO_2 ne soit un déchet, ce qui aurait remis en cause le devenir de cette technique. En juin 2007, cette convention a accepté, par un amendement, comme légitime ce stockage, ouvrant ainsi la voie vers une application commerciale généralisée.

Le projet de Sleipner donne aux gouvernants la possibilité de croire que le monde va suivre la voie du CCS. Mais, puisqu'ici il s'agit d'un gaz naturel riche en CO_2 – c'est-à-dire d'une énergie – on ne doit pas être surpris que pour des fumées – les déchets de l'énergie – il puisse être bien plus coûteux à réaliser ; le passage à l'échelle industrielle nécessitera la vérification des résultats obtenus sur une large échelle ainsi qu'une réduction substantielle des coûts. Le projet pilote de Total dans le site de Lacq (Sud-Ouest de la France) s'inscrit dans cette démonstration économique. Le projet commun entre Statoil et Total sur le site gazier de Snøhvit (voir question n° 49) permettra de séparer le CO_2 dans une usine de GNL pour ensuite le transporter en mer par une conduite et le réinjecter dans un aquifère sous le gisement de gaz naturel. La Commission européenne a déclaré vouloir s'engager dans cette démonstration, notamment à partir de centrales au charbon. Ainsi, on étudie actuellement comment réaliser et financer une douzaine de projets de démonstration dans plusieurs États membres avec diverses technologies. L'investissement nécessaire est de l'ordre de 22 milliards d'euros d'ici 2015.

34. Le Club de Rome n'avait-il pas raison d'annoncer déjà en 1972 que nous allions manquer d'énergie ?

Je le revois parfaitement comme s'il était là devant moi, mon Maître, feu le professeur Cyprès, nous enseigner, comme tout le monde le faisait alors, qu'il ne restait plus assez de pétrole. C'était en 1975. J'ai les notes de cours sous les yeux qui indiquent clairement que, selon les études de l'époque, il ne resterait que 35 ans de consommation puisque les réserves en 1973 étaient de 67 milliards de tonnes et que la consommation mondiale était de 2 milliards de tonnes par an. Les réserves de l'Europe étaient alors de 2 milliards de tonnes et on en consommait 0,7 milliard de tonnes, soit à peine 3 ans de réserves !

Qui n'aurait pas paniqué avec de tels chiffres ? C'était dans l'air du temps puisque le « Halte à la Croissance ? » avait été lancé par le rapport Meadows en 1972 dans le cadre des travaux pour le Club de Rome. En relisant les ouvrages publiés sur ce sujet, on constate que tout ce qu'on entend aujourd'hui en matière de développement durable y était déjà dit, et que finalement, l'ancienne Premier ministre de Norvège Mme Brundtland, qui a popularisé la notion de développement « soutenable », avait trouvé sa source d'inspiration dans les positions pour le moins alarmistes du Club de Rome ; ce sont ces principes qui prévalent encore aujourd'hui.

Mais, après plus de 30 ans, un constat s'impose : le cri d'alarme de ce Club de penseurs était largement surfait, pour ne pas dire faux. Course aux armements, dégradation de l'environnement, explosion démographique et stagnation économique étaient quelques-unes des catastrophes annoncées par ceux qui voulaient arrêter la croissance. Ces craintes se sont soit révélées fausses, soit elles ont été affrontées avec détermination pour en inverser la tendance. C'est assurément le cas pour l'environnement, car il faut le répéter pour que cela rentre bien dans les mentalités : sous l'impulsion de l'UE, nous vivons dans un monde plus propre aujourd'hui qu'alors, du moins dans les pays développés.

En particulier dans le secteur de l'énergie, les angoisses du Club de Rome apparaissent aujourd'hui comme non fondées. Quelques années plus tard, le rapport de 1978 au Club de Rome consacré à l'énergie annonçait qu'avec des réserves de 90 milliards de tonnes de pétrole, celui-ci serait épuisé en 2000. Or, de 1978 à 2006, le monde a consommé 94 milliards de tonnes d'or noir et les réserves sont passées à 165 milliards de tonnes !

La principale raison pour laquelle ce club qui voulait bien faire s'est fourvoyé sur cette question – mais aussi sur d'autres – c'est parce qu'il a tablé sur une évolution linéaire de la technologie alors qu'il estimait que les évolutions de la démographie, de la pollution et des besoins suivaient eux une tendance exponentielle. Cela ne pouvait que conduire à une interprétation catastrophique du futur. Petite erreur d'hypothèse, mais grande divergence quant aux résultats. En fait, non seulement l'évolution technologique n'est pas linéaire, mais elle progresse par sauts et amplifications. Pour ceux qui ne sont pas du domaine de l'énergie et qui donc ne peuvent saisir dans toute son ampleur ces sauts et amplifications, il suffit de penser à la révolution informatique qui se déroule sous nos yeux. Je suis de ceux qui pensent que la technologie en elle-même n'apporte pas le bonheur à l'homme, mais il faut toutefois admettre que c'est elle qui a permis que le monde de l'esclavage, du dur labeur et de la misère disparaisse. C'est grâce à la révolution énergétique que la population des pays en développement peut espérer vivre dans des conditions plus proches de la dignité humaine, en imitant notre modèle de société basé sur la consommation de l'énergie. Si nous produisons aujourd'hui du pétrole et du gaz dans la mer du Nord – et demain dans la mer de Barents – c'est parce que, dès 1973 après le premier choc pétrolier, la Commission européenne a développé un programme technologique qui s'appelait « Programme de démonstration pétrole et gaz ». Par exemple, la révolution du forage dirigé largement utilisé dans le monde et qui permet à partir d'un point qui n'est pas nécessairement à la verticale d'un gisement d'aller exploiter celui-ci est le résultat de cette initiative européenne. Ignorer le potentiel de développement technologique dans le domaine de la production de pétrole et de gaz est une faute que le Club de Rome a commise et que d'autres perpétuent. Pourquoi faudrait-il que les pétroliers soient des idiots ?

Il convient dans la période actuelle de frénésie en matière d'énergie d'éviter des positions qui pourraient se révéler, dans quelques décennies, aussi inexactes que celles du Club de Rome. Par exemple, dans l'ouvrage de 1978 *L'Energie, le compte à rebours*, les recommandations de Robert

Lattès et Carroll Willson ignorent superbement l'énergie la plus convoitée aujourd'hui : le gaz naturel. Ils crient à la catastrophe et ils ont été écoutés, mais ils sont complètement passés à côté de la révolution énergétique que constitue à lui seul cet hydrocarbure. Le monde entier se précipite vers cette énergie fossile abondante, la plus propre et aux usages multiples. Est-ce qu'aujourd'hui nous ne crions pas aussi à la catastrophe en ignorant la solution que nous aurons adoptée dans 30 ans ? Je le crois. Mais nous ne serons sans doute pas là pour le constater. En attendant, remercions les ingénieurs qui ont permis d'éviter les catastrophes imaginées par des hommes pourtant de bonne volonté.

35. Que pense l'Union européenne du nucléaire ?

Si l'on considère la question de la sécurité d'approvisionnement et les engagements du Protocole de Kyoto et de son successeur qui est en préparation, l'énergie nucléaire devra rester une composante du bouquet énergétique de l'UE. Actuellement, un tiers de toute l'électricité dans l'UE provient du nucléaire. Certes, il appartient à chaque État membre de décider s'il désire compter sur l'électricité nucléaire, car cette question n'est pas une compétence de l'UE comme nous l'avons déjà vu (question n° 23). Plusieurs États membres ont décidé d'un moratoire sur le nucléaire. D'autres sont encore plus opposés car ils n'ont jamais construit de centrales électronucléaires ; c'est le cas de l'Autriche qui a même inscrit l'interdiction de l'énergie nucléaire dans sa constitution. Raison pour laquelle, dans les débats européens, ce pays est toujours très attentif sur le vocabulaire utilisé dès que l'on touche de près ou même indirectement à la question nucléaire. L'Italie, qui avait voté par referendum abrogatif du 8-9 novembre 1987 l'arrêt du nucléaire (en fait, c'était uniquement l'interdiction pour l'entreprise électrique nationale ENEL d'investir dans le nucléaire à l'étranger), vient de décider de l'autoriser à nouveau ; c'est d'ailleurs le premier acte en matière d'énergie du 3e gouvernement Berlusconi. Sur la lancée, John Hutton, le ministre britannique de l'Économie et des Entreprises a annoncé que les nouvelles centrales représenteraient une manière « *sûre et abordable* » de sécuriser le futur approvisionnement en énergie du Royaume-Uni. En Espagne, la question divise le parti socialiste au pouvoir et, en Allemagne, du fait de l'accord sur la grande coalition on n'en parle toujours pas, mais il est notoire que la chancelière Angela Merkel y est favorable.

Pour la Commission européenne, il convient toutefois de dire clairement que, si le niveau de production d'énergie nucléaire devait être réduit dans l'UE, il est essentiel que cela soit accompagné par l'introduction « *d'autres énergies à faible teneur en carbone* » qui donneront le même résultat en terme de réduction des émissions de CO_2 ; autrement dit, l'objectif de réduction des émissions de gaz à effet de serre sera doublement difficile à remplir. Bref, l'UE exige un débat objectif sur cette question ; il n'y a plus – à l'exception de l'efficacité énergétique – de choix énergétiques faciles et le défi que nous devons affronter est énorme.

L'électricité nucléaire est également l'une des sources d'énergie à faible teneur en carbone la moins chère actuellement produite dans beaucoup d'États membres de l'UE. Elle présente des coûts relativement stables, les réserves d'uranium sont suffisantes pour beaucoup de décennies et elles sont largement distribuées autour du globe, enlevant ainsi quelques-unes des pressions géopolitiques. Nous avons dit qu'un des avantages du pétrole était sa concentration en énergie ; ici, c'est bien plus puisqu'un gramme d'uranium contient la même énergie que deux tonnes de pétrole. Pour ces raisons, nous vivons actuellement une renaissance de l'énergie nucléaire, à la fois en Europe et globalement.

Mais ce rôle futur est étroitement lié à une stratégie solide traitant de la sécurité des matières nucléaires, de la radioprotection, de la sûreté nucléaire et de l'élimination fiable des déchets nucléaires. La sûreté restera un objectif essentiel, non seulement dans l'Union européenne, mais également dans les pays voisins. L'acceptation politique et publique est une condition préalable au développement ultérieur de l'énergie nucléaire. La Commission européenne, en tant que gardienne des traités, s'efforce d'informer le public, de promouvoir son bien-être et de protéger sa sûreté et sa sécurité. La transparence doit devenir synonyme de nucléaire pour que cette énergie ait un avenir dans l'Union. Le rôle de l'UE devrait être de favoriser la poursuite du développement de cette énergie dans les États membres qui la choisissent. Ce cadre général devrait comprendre la gestion des déchets nucléaires, le démantèlement des sites et l'assurance que des niveaux élevés soient observés également internationalement.

C'est précisément en visant cet objectif que la Commission a lancé, fin 2007, le Forum européen de l'énergie nucléaire ; il doit être une plate-forme pour le débat avec toutes les parties concernées : les représentants de haut niveau de l'industrie nucléaire, les entreprises énergétiques, les syndicats, les grands consommateurs d'énergie mais aussi les groupes environnementaux ainsi que les adversaires du nucléaire.

La première réunion du Forum européen de l'énergie nucléaire a eu lieu les 26 et 27 novembre 2007, à Bratislava, qui partage avec Prague le siège du Forum. La deuxième réunion s'est tenue à Prague les 22 et 23 mai 2008, avec un auditoire de haut niveau d'environ 300 participants.

Pour souligner l'engagement de la Commission européenne au développement du nucléaire, le deuxième Forum a été ouvert par José Manuel Barroso, le président de la Commission européenne ; il y a déclaré que « *l'UE a besoin d'un débat ouvert, sans tabou, sans trop d'idées préconçues, entre tous les acteurs concernés, sur l'énergie nucléaire en Europe. Il s'agit d'un débat sur les opportunités mais aussi sur les risques, un débat sur les coûts, mais aussi sur les avantages, un débat sur l'avenir de l'industrie* ». Mais, selon Greenpeace : « *Le Forum est une foire commerciale pour les groupes de pression actifs dans les domaines du nucléaire, et ayant pour but de réduire les normes de sécurité nucléaire en Europe aux niveaux les plus bas appliqués dans chaque État membre* ». C'est une déclaration surprenante car l'Union a toujours œuvré concrètement pour l'amélioration de la sécurité…

Le débat à Prague a abordé les points suivants, démontrant de la sorte que la question nucléaire est pourtant examinée dans tous ses aspects :

- Traduction de coûts de l'énergie nucléaire dans les prix de l'électricité au consommateur final.
- Établissement d'une feuille de route pour l'utilisation responsable du nucléaire en Europe, couvrant notamment des aspects juridiques et financiers.
- Exploration de nouveaux domaines d'application de l'énergie nucléaire, au-delà de la production d'électricité, notamment le dessalement de l'eau de mer et la production d'hydrogène pour les voitures.
- Développement de la législation de l'UE en matière de sûreté nucléaire et de gestion des déchets, basée sur les principes fondamentaux communs de sûreté des installations nucléaires, ainsi que de renforcer la crédibilité du système international de non-prolifération.
- Mise en œuvre des plans de gestion des déchets nucléaires.
- Assurer la disponibilité de suffisamment de ressources humaines compétentes dans le domaine nucléaire.
- Établissement d'une feuille de route pour une meilleure information et transparence dans le domaine nucléaire.
- Développement d'un processus consultatif approprié.

- Initialisation des dialogues structurés concrets des parties concernées au-delà des réunions du Forum afin d'élargir la base de discussion.

Il n'y a aucun doute que la question nucléaire est maintenant vraiment ouverte au niveau de l'Europe. Les États membres sont toujours libres de décider de poursuivre, de rouvrir ou de limiter, voire d'interdire, cette énergie qui ne libère pas de CO_2. Mais la Commission dit clairement qu'il sera impossible que l'UE, dans son ensemble, limite sensiblement ses émissions de gaz à effet de serre sans énergie nucléaire, même si cette énergie primaire ne sera pas suffisante à elle seule.

Les avantages de cette énergie ont été compris par les pays de l'Afrique du Nord, et cela s'inscrit parfaitement dans l'Union pour la Méditerranée. Même s'ils possèdent des hydrocarbures, il vaut mieux que nos voisins du sud ne les utilisent pas pour produire de l'électricité, car celle-ci peut être produite par le nucléaire et ainsi libérer les hydrocarbures pour les vendre aux Européens. C'est là tout le sens de la démarche de Nicolas Sarkozy lorsqu'il propose à ces pays de s'intéresser à la seule source d'énergie actuellement en mesure de produire en quantité de l'électricité sans émettre de gaz à effet de serre. Quelques chiffres nous permettront de comprendre l'ampleur du problème de l'approvisionnement électrique de ces pays. La croissance annuelle de la demande en électricité du Maroc est de 8 % et celle de l'Égypte de 9 %. Rien que pour les besoins en eau, il faudra, d'ici 2020, prévoir 203 TWh d'électricité pour l'ensemble des pays méditerranéens de l'autre rive, du Maroc à la Syrie, soit 26 % de leur demande totale d'électricité, alors qu'aujourd'hui leurs besoins en eau ne nécessitent que 32 à 48 TWh (9 à 14 % de la demande d'électricité). Cette croissance est due au fait qu'il faudra plus d'eau pour l'agriculture, pour l'industrie et pour l'hygiène ; il faudra acheminer cette eau de plus loin ou de sources plus profondes. Tout cela se fera avec de l'énergie… probablement nucléaire.

36. Quelles solutions nucléaires pour le futur ?

Actuellement on construit des installations nucléaires que l'on appelle de troisième génération. C'est le cas de la centrale finlandaise d'Olkiluoto 3, et ce sera le cas de celle en projet à Flamanville (Manche) ; c'est ce qu'on appelle en France l'EPR. Ce nouveau type de centrale atteint, selon les experts, un haut niveau de sûreté, d'opérabilité et de compétitivité économique. Mais, même si l'on n'en est qu'aux premières industrialisations de cette « génération 3 », du fait que les constantes de temps dans l'énergie nucléaire sont longues, il importe de préparer l'étape suivante car il faut plusieurs décennies pour mettre au point une nouvelle génération de systèmes nucléaires. Une des principales difficultés rencontrées par cette industrie est les atermoiements de ces dernières années sur cette filière qui n'ont pas été propices au renforcement des compétences en la matière. Les différents moratoires décidés par les gouvernements ont eu pour résultats que les étudiants ont déserté les études d'ingénieurs nucléaires. En Belgique, au cours de l'année scolaire 2005-2006, il n'y avait plus qu'un seul étudiant inscrit pour ce cycle, alors que ce pays a été en pointe, pendant des décennies, sur le nucléaire civil. La conséquence de ces désistements est un avenir technologique difficile, sans être toutefois complètement compromis. Un pays, le Japon, n'a pas eu d'états d'âme comme l'ont eu les USA et les pays européens ; en l'occurrence, il possède à présent une avance industrielle significative. Ce n'est pas pour rien que Westinghouse, qui a été le leader mondial de cette industrie, a été rachetée par l'entreprise japonaise Toshiba…

Devant ces difficultés, la quatrième génération se prépare dans le cadre de coopérations internationales que constitue le Forum International Génération 4. Douze pays et l'Union européenne y participent depuis 2000. Japon, USA, Russie, Chine sont nos partenaires en vue de mutualiser les efforts de recherche. Ces études portent sur les nouvelles filières de réacteurs rapides, ce qui requière des innovations technologiques sur les matériaux et les combustibles. En parallèle, des recherches sont menées également sur le cycle des combustibles, y compris le recyclage et le traitement du combustible usé. Évidemment, ces recherches profitent également à la génération 3 qui est en construction.

Les centrales conçues actuellement ne consomment que 0,6 % de l'uranium naturel nécessaire à son fonctionnement. Raison pour laquelle il est toujours question de recyclage des combustibles nucléaires. Une des innovations de la génération 4 est de ne plus être liée au seul isotope 235 de l'uranium, mais elle consommera également le plutonium ; elle permettra donc de réutiliser le combustible résultant d'un précédent chargement, multipliant ainsi potentiellement plus de cent fois l'énergie produite à partir d'une même quantité de matière première. On économise donc ainsi des ressources tout en limitant les déchets. N'est-ce pas là, la préoccupation des défenseurs du développement durable ?

37. L'hydrogène est-il une énergie de l'avenir ?

Certainement pas. Tout au plus, ce gaz peut devenir le vecteur énergétique de l'avenir. L'hydrogène a été présenté, ces dernières années dans certains milieux politiques et dans la presse, comme une panacée, certains rêvant d'une « économie tout hydrogène », où ce gaz remplacerait les carburants fossiles usuels et serait une source majeure d'électricité. Son grand avantage est qu'utilisé comme carburant automobile, il ne rejette que de la vapeur d'eau, la même que celle qui sort de notre bouche lorsque nous respirons. On imagine immédiatement le grand avantage pour nos villes, on pourrait enfin avoir un système de transport sans impact sur la qualité de l'air. C'est donc une solution élégante au problème de la pollution urbaine.

Mais, en fait, l'hydrogène n'est rien d'autre qu'un vecteur énergétique – l'équivalent du câble en cuivre qui fait circuler l'électricité dans votre maison. Il ne s'agit donc pas d'une énergie, mais d'un gaz qui stocke de l'énergie et qui, en étant déplacé, transporte à son tour de l'énergie. Mais l'hydrogène doit être produit ; la production industrielle se base sur le cracking des hydrocarbures par la vapeur d'eau en présence de catalyseur. Et cette production libère 11 kg de CO_2 pour 1 kg d'hydrogène ! On voit que l'on retourne à la case départ : les énergies fossiles. Il est également un sous-produit de l'électrolyse pour la production du chlore ou de la soude caustique ; mais on ne peut imaginer une production massive par cette filière.

D'aucuns avancent la possibilité de le produire par électrolyse de l'eau grâce à l'électricité nucléaire. Il faut donc du nucléaire. On voit que l'on tourne en rond. Certains rêvent encore plus, en ressortant des cartons des années 1970-1980, l'idée de la décomposition à très haute température de l'eau dans des réacteurs à concentration solaire.

En définitive, l'hydrogène n'est pas la solution « énergétique » propagée par les médias, même si elle peut être une solution environnementale pour la qualité de l'air.

Mais alors pourquoi cet intérêt ? Une première raison est due à l'imaginaire humain qui cherche toujours des solutions sympathiques, souvent utopiques (parcourez les revues de vulgarisation scientifique d'il y a quelques années et vous verrez les âneries qu'on y a écrites). Les journalistes, ne connaissant généralement que très peu ou rien à la chimie et la physique, aiment faire rêver avec des sornettes une population convaincue que demain on va raser gratuitement et que, de toutes façons, les compagnies pétrolières possèdent des secrets qu'ils cachent pour pouvoir vendre leur pétrole. Deuxièmement, c'est aussi à cause d'un malentendu, parce qu'on confond hydrogène et pile à combustible (*fuel cells* en anglais). En Europe comme aux USA, il existe toujours un amalgame entre piles (ou cellules) à combustible et hydrogène. S'il est vrai que l'hydrogène intervient dans le processus électrochimique de la cellule à combustible, personne ne penserait raisonnablement à utiliser de l'hydrogène pour alimenter des piles à combustible ; là aussi, le combustible de choix est le gaz naturel. Dire que les piles à combustible sont une filière hydrogène est un raccourci erroné ; c'est comme si une entreprise de production de bois se vantait de développer la filière chlorophylle ! Mais, en tant que grand communicateur qui se veut toujours et exclusivement rassurant dans ses discours, le président Bush ne s'embarrasse guère de ces considérations, use et abuse de cet amalgame, répétant à satiété que l'hydrogène est la solution d'avenir, et finit par faire prendre des vessies pour des lanternes aux non-initiés.

Ne rêvons pas à l'hydrogène comme solution pour se passer des hydrocarbures, sauf à développer massivement le nucléaire… Pourtant, les piles à combustible sont destinées à un bel avenir dans le court terme : dans un premier temps, pour des usages stationnaires et, plus tard, pour le transport. La commercialisation des piles à combustible n'est plus qu'une question de diminution des coûts de production. Les projets de démonstration – notamment en Allemagne par la société MTU Onsite Energy – ont prouvé la fiabilité et le faible impact environnemental. Peut-être qu'un mécanisme législatif similaire à celui en faveur de l'éolien pourrait faire décoller cette filière « pseudo hydrogène » ? Je doute toutefois que cela ne soit qu'une chimère, car je ne vois pas les pouvoirs publics accorder des subventions à l'utilisation propre des énergies fossiles d'autant plus que cela occasionerait des problèmes de concurrence puisque la France ne s'intéresse pas à cette filière étant donné qu'elle a son nucléaire…

38. Qu'est-ce que la rente pétrolière ?

L'économiste britannique David Ricardo a établi, au XIXe siècle, la théorie de la rente foncière des terres cultivables, selon laquelle ces terres ont dans un même pays des rendements inégaux qui proviennent soit de la diversité de leur fertilité, soit de la distance des marchés pour les produits de ces terres. Au cours de la mise en valeur d'un pays, on cultive successivement des terres de moins en moins fertiles ou de plus en plus éloignées. En fait, la loi naturelle de Ricardo dit que, dans l'intérêt du bien commun, chacun doit faire – là où il est – ce pour quoi il est le plus efficace. À un moment donné sur un marché, il ne peut y avoir qu'un prix, soit le coût de production des terres les moins fertiles, si cette quantité est nécessaire pour satisfaire la demande de ce produit sur ce marché.

Les propriétés les plus fertiles ou les mieux situées vont donc toucher une rente. Cette rente est différentielle : la terre qui fixe le prix ne touche pas de rente. Mais, dans la réalité, il peut exister une rente absolue même pour l'exploitation la moins efficace ou la plus éloignée. La raison de l'existence d'une rente absolue est due à la non-satisfaction du marché, l'offre étant inférieure à la demande. Si la courbe de l'offre coupait la courbe de la demande, il n'y aurait pas de rente absolue. L'existence de cette rente absolue est due à la rareté du produit.

Entre le début de la révolution énergétique et les années 1970, nous avons vécu dans une économie des combustibles fossiles qui se distinguait par un prix du pétrole extrêmement bas par rapport à sa valeur utile. Il y a eu, pendant toute cette période, un certain déséquilibre de répartition de la rente entre les producteurs et les consommateurs pour le grand bénéfice des consommateurs. Même si le niveau de cette rente était nettement moindre, ce sont eux qui se la sont appropriée en payant un prix inférieur à la qualité du service rendu par le pétrole. Cette période n'accordait pas suffisamment d'importance aux impacts environnementaux liés à l'utilisation de ces ressources ; on n'internalisait pas les coûts externes.

C'est cet accès aux ressources énergétiques à bas prix (charbon, pétrole, gaz) qui a permis la grande industrialisation de l'Europe et des États-Unis.

Mais, progressivement, les pays producteurs de pétrole – et plus tard les pays producteurs de gaz naturel – ont compris qu'il n'y avait aucune raison de laisser ce privilège aux pays consommateurs et ont exigé une répartition plus juste de la rente pétrolière. Nous avons vu (voir question n° 7) que c'est le docteur Mossadegh en tant que Premier ministre de l'Iran qui, en 1951, a exigé une répartition 50-50 de la rente pétrolière.

Il se trouve que ce sont les pays disposant des réserves les plus élevées – ceux du Moyen-Orient – qui jouissent également des coûts de production les plus faibles. La logique économique voudrait qu'à l'échelle mondiale les investissements en exploration et en production soient concentrés dans ces pays ; par une pression à la baisse sur les prix, leur production aurait alors évincé les gisements les plus coûteux, et la part de l'OPEP dans la production mondiale serait bien supérieure à ce qu'elle est actuellement. Cependant, à partir du début des années 1970, la fermeture de l'amont de ces pays aux investissements étrangers et la mise en place de quotas de production limitatifs par l'OPEP ont eu pour conséquence de réduire « artificiellement » la part de ces gisements à bas coût dans la production mondiale. L'augmentation du prix qui en a résulté a permis la mise en exploitation de gisements à coûts plus élevés comme ceux de la mer du Nord, les pays consommateurs étant du reste disposés à payer davantage pour pouvoir diversifier leurs approvisionnements et bénéficier de l'effet stabilisateur des surcapacités.

Ainsi, depuis la création de l'OPEP, le marché pétrolier fonctionne dans le sens contraire de la logique de la loi naturelle découverte par Ricardo : ce sont les pays à faible coût de production de l'OPEP (et notamment l'Arabie Saoudite) qui « tiennent le marché », et non les producteurs marginaux. Les mouvements de prix déterminés par le producteur d'appoint, mouvements d'autant plus forts que la demande est peu élastique, incitent les producteurs à coûts élevés à entrer dans le marché ou à en sortir : le coût marginal a donc tendance sur le moyen terme à devenir équivalent au prix, et non l'inverse. Aux rentes différentielles, vient donc s'ajouter une rente parfois dite « de monopole », liée à la rareté artificielle créée par la politique des producteurs à faible coût.

Depuis 1973, nous vivons dans le monde pétrolier en totale contradiction avec la logique d'un marché libre et transparent. Plus vite la logique du marché sera appliquée et mieux cela vaudra pour tous. Le marché charbonnier est lui complètement libre et s'en réjouissent tant les pays producteurs que les pays consommateurs. Malheureusement, depuis les chocs pétroliers, c'est la logique « politique » et non pas « libérale » qui règne sur le pétrole et qui cause tant de problèmes à tout le monde.

39. Comment est fixé le prix du pétrole ?

Le poids du pétrole dans l'économie mondiale est d'une importance considérable. Il est de loin la matière première qui est la plus échangée, lorsqu'il est exprimé en valeur marchande. Il représente à lui seul plus de 40 % de la masse monétaire échangée dans les marchés de matières premières. Pour donner une idée de l'ampleur, le plus grand composant non énergétique de l'index est le bétail avec 3 % seulement !

La fixation du prix du brut dépend, entre autres :

- du niveau de la demande et de son évolution sur le court terme ;
- du niveau réel de l'offre de tous les producteurs (OPEP et non OPEP) et de ses perspectives d'évolution ;
- du différentiel entre les capacités de production et la demande ;
- du niveau des stocks stratégiques (voir question n° 44) ;
- du suivi ou non du respect des quotas de production de l'OPEP ;
- des décisions extérieures au monde du pétrole (guerre, attentats, grèves, considérations géopolitiques) ;
- de la spéculation ;
- et depuis 2007, de la dégringolade du cours du dollar US par rapport à l'euro et autres monnaies.

Le marché pétrolier présente deux modes d'évolution ; d'une part, les évolutions de grande ampleur et/ou à long terme qui dépendent des acteurs traditionnels et, d'autre part, les évolutions à court terme et de faible ampleur qui, en plus des cycles saisonniers, dépendent d'arbitrages parfois très éloignés des réalités physiques, effectués par les traders sur les deux marchés principaux, le NYMEX de New-York où est coté le brut de référence appelé WTI et l'IPE de Londres où l'on cote un baril de la mer du Nord appelé Brent.

Il convient d'insister sur le fait que ce sont cependant des phénomènes de nature politique ou conjoncturelle qui déterminent de plus en plus l'évolution des prix à court terme. Le marché pétrolier est si imprévisible qu'une quelconque conjoncture d'événements indépendants les uns des autres peuvent se conjuguer pour soit faire s'envoler les prix, soit les faire s'effondrer. L'évolution des prix au cours de la période 2004 et 2008 en est une bonne illustration. Sans qu'il n'y ait jamais eu pénurie, nous avons assisté à une série d'événements qui ont fait grimper les prix pour atteindre le niveau historique du WTI à 145,70 $/b le 4 juillet 2008. Pourtant, en décembre 1998, le prix était de 8,50 $/b. Comment expliquer une telle variation ? Le marché seul ne peut justifier un tel saut. On a rendu responsable de cette flambée la demande chinoise en pétrole, suite notamment à un manque de ressources temporaire en charbon ; cette demande chinoise a été un révélateur, la goutte qui a fait déborder le vase. Les autres éléments perturbateurs qui ont suivi sont venus ajouter une couche de préoccupations. Depuis, voyant que le monde ne s'effondre pas à ce niveau de prix du pétrole, ce sont également les spéculateurs qui mènent la danse de la hausse pour leur propre bénéfice et ensuite celui des compagnies pétrolières, y compris celles nationalisées du Moyen-Orient, des opérateurs et des États qui prélèvent des impôts de consommation et taxes en conséquence. Les perdants sont les consommateurs. Insistons sur le fait qu'il n'y a jamais eu de pénurie, même lors des diverses crises géopolitiques, syndicales ou météorologiques. Jamais le monde n'a été en rupture d'approvisionnement en brut !

L'envolée des prix depuis le troisième trimestre de 2004 ne devrait donc pas être une tendance de fond car, si l'on devait rester à ces sommets pour une période suffisamment longue, on aurait comme dans les années 1980 une relance des technologies de gazéification et de liquéfaction du charbon. Ces alternatives plafonnent *de facto* le prix du pétrole à 55/60 $/b. En fait, le rapport « Perspectives des technologies énergétiques », que l'AIE a présenté lors du G8 au Japon en juin 2008, table sur un prix du pétrole entre 30 et 60 $/b en 2050. Si ce plafond devait perdurer, on produirait alors des hydrocarbures liquides à partir du charbon ou à partir du gaz naturel par la filière GTL (voir question n° 75). De plus, l'arrivée de nouveaux producteurs et de nouveaux gisements contribuera également à maintenir une pression à la baisse sur les prix, qui resteront alors dans la limite des prévisions des études mentionnées ci-dessus. On n'en est pas là. Les mécanismes de marchés normaux et la gestion chaotique de l'offre marginale de l'OPEP induisent aujourd'hui, comme ce fut le cas hier et comme ce sera le cas demain, des mouvements amples, imprévisibles et sans aucune relation avec la raréfaction du brut.

40. Pourquoi l'OPEP est-elle si importante ?

Seul 30 % du marché à terme passe par le NYMEX et l'EPE. Le reste est l'affaire de l'OPEP dont les membres passent des contrats directs avec les clients. C'est ce qui a fait dire à Robert Mabro, président de l'Oxford Institute for Energy Studies que « *L'OPEP fixe le prix avant la virgule et les traders après la virgule* », réflexion valable il y a encore quelques années. En effet, depuis l'effondrement des prix de 1986 et le développement de la production non OPEP, cette réflexion est quelque peu infirmée. L'OPEP n'a plus tous les leviers en main comme lors des crises pétrolières. Si elle le voulait – moyennant investissements importants – elle pourrait ouvrir les vannes et le prix chuterait, mais pourquoi devrait-elle le faire ? Elle continue ainsi à donner la grande tendance des prix en modulant l'offre, mais l'Organisation se défend en disant que ce sont les autres acteurs qui jouent sur la spéculation et les diverses situations géopolitiques qui influencent les marchés. L'OPEP est devenue plus suiveur que décideur des envolées des prix du brut de ces dernières années. Elle a raison, mais c'est – pour reprendre l'expression de Robert Mabro – parce qu'elle a *fermé les portes du paradis* et que la loi de Ricardo ne s'applique pas que cela est vrai, autrement les crises géopolitiques et les spéculateurs ne pourraient rien sur les prix du brut...

La force de l'OPEP provient de l'ampleur de ses réserves d'une part et, d'autre part, de sa capacité de production. L'OPEP produit environ 40 % de la consommation mondiale de pétrole tout en possédant les trois-quarts des réserves. Ces chiffres mettent en évidence la force de cette organisation internationale. C'est parce que ses États membres possèdent 75 % des réserves de pétrole brut conventionnel et, plus particulièrement, celles qui sont les plus accessibles et les moins coûteuses que l'OPEP est en mesure de contrôler la production de pétrole mondiale ; c'est elle qui peut agir sur la circulation du pétrole à l'échelle de la planète et sur la fixation des prix.

D'une certaine manière, l'OPEP contrôle l'économie mondiale, car elle est la seule organisation à disposer de la marge de manœuvre nécessaire afin de faire face à une demande mondiale de pétrole supérieure à 90 % de la capacité globale de production.

La difficulté majeure à laquelle se heurtent actuellement les pays de l'OPEP est la fermeture de ces pays aux compagnies occidentales, ce qui les empêche de fournir les quantités de pétrole nécessaires puisque leurs investissements restent faibles ; en conséquence, leur réserve de production n'est que de quelques 2 Mb/j et essentiellement entre les mains de l'Arabie Saoudite. Ce sont eux qui ont chassé les compagnies internationales en décidant dans les années 1970 de nationaliser leur production en hydrocarbures. « *On n'a pas besoin de vous et nous allons à présent nous approprier la rente pétrolière* », pouvait résumer leur credo. Mais ils n'ont pas suivi les révolutions technologiques de production et n'ont pas su investir leurs plantureux bénéfices dans cette industrie, de sorte qu'ils se retrouvent aujourd'hui avec des équipements obsolètes. Seulement 2 % des investissements dans l'exploration pétrolière de 1996 à 2004 ont été réalisés au Moyen-Orient, alors que les ressources à découvrir sont concentrées à 27 % dans cette partie du monde.

Ces pays ont une responsabilité géopolitique de premier plan, car c'est à eux que revient la décision de rendre accessibles leur pays, en permettant l'exploration, puis l'exploitation de leurs ressources ; il faut qu'ils *ouvrent les portes du paradis*. La transparence doit s'implanter dans l'ensemble de ces pays afin que le marché pétrolier soit moins soumis aux aléas consécutifs à la faible marge de production qui caractérise la crise actuelle. Peut-être craignent-ils qu'une politique trop vigoureuse d'expansion de leur capacité de production se retourne contre eux en provoquant une chute de prix avec un risque de surcapacité ? Ils auraient sans doute raison, comme l'a montré le contre-choc pétrolier du début des années 1980. Mais, entre cette solution risquée et la situation peu transparente actuelle de fermeture qui induit une flexibilité minimale au marché, il doit bien exister une position équilibrée qui profite à toutes les parties.

Lors de la crise asiatique, les pays de l'OPEP ont voulu donner « un coup de main » à l'économie mondiale qui risquait d'entrer sérieusement en récession. En 1997, réunis à Jakarta (Indonésie), ils décident d'augmenter la production, ce qui, combiné à la crise économique, a fait s'effondrer les prix à moins de 10 $/b au début de l'année 1999. Ce scénario catastrophe pour l'OPEP connu comme « *le fantôme de Jakarta* » empêche l'organisation de répéter l'opération telle qu'elle, d'autant plus que ces prix se sont multipliés par 10 en 10 ans. Le monde n'a pas abandonné le pétrole même si, en Europe et aux USA, on commence à voir les signes tangibles de la réaction au pétrole cher. Ce n'est pas le cas partout car, souvent dans les pays en développement, les prix des produits pétroliers sont subventionnés.

41. Pour combien d'années encore y aura-t-il du pétrole ?

C'est la question qui est sur toutes les lèvres tant le monde nécessite de l'or noir. La réponse exacte est, comme disait Fernand Raynaud, l'humoriste des années 1960-1970, « *un certain temps* ». Personne ne connaît la réponse, ni les pétroliers, ni les politiciens et encore moins les environnementalistes. D'ailleurs, dans aucun document de la Commission européenne vous ne trouverez une tentative de réponse à cette question. Elle n'a pas de réponse. Ceci fait dire à l'expert pétrolier Morris Adelman : « *Les ressources pétrolières sont inconnues, elles ne peuvent être mesurées et d'ailleurs c'est sans importance* ».

Il existe une théorie développée par un géologue étasunien appelé King Hubbert, à qui se réfère l'école des « pessimistes », qui annonce que la fin du pétrole est proche, est même déjà là. C'est la théorie du « pic de pétrole » (*pic oil*). Ces pessimistes prévoient un pic de production proche pour le brut conventionnel et vers 2010/2015 pour l'ensemble des différents bruts.

Le chef de file actuel des pessimistes est Colin Campbell. Selon eux, il resterait environ 1 300 à 1 800 Gb de pétrole conventionnel à récupérer, auxquels il faut ajouter 700 Gb de liquides non conventionnels.

Ils perpétuent une obsession malsaine d'insécurité qui est déjà, hélas, fortement enracinée dans l'opinion publique occidentale – une obsession qui a historiquement et invariablement mené à de mauvaises décisions politiques.

Pour eux, l'extraction d'une ressource minérale suit une courbe en cloche qui atteint une valeur maximale lorsque la moitié de cette ressource a été produite. Cette courbe de production ressemble à la courbe de découverte avec un certain décalage. Mais ce modèle se base sur des hypothèses dont plusieurs sont hautement contestables :

- il n'y a pas d'action politique ou économique pour influencer la prospection ;
- il y a absence de progrès techniques notables ;

- on se base sur le comportement des anciens gisements pour évaluer les nouveaux gisements ;
- la structure géologique de notre planète est bien connue et complètement explorée, de sorte que la découverte de nouveaux champs pétroliers est très peu probable ;
- la somme de la production dans un grand nombre de puits (un grand nombre de variables irrégulières) est censée suivre une répartition statistique normale et assume une courbe en forme de cloche.

Qui pourrait sérieusement dire que la recherche pétrolière ne progressera plus ? Je le répète, pourquoi faudrait-il que l'industrie la plus emblématique du capitalisme, qui a permis au monde et à l'économie de changer radicalement, soit constituée d'idiots ? C'est tout le contraire ! De sorte que le monde pétrolier est en constants progrès technologiques. Nombreuses sont les prouesses technologiques que ce secteur a développées et continue de développer (voir question n° 45).

La conséquence est que les crises imminentes annoncées ont toujours été démenties. Dans la question n° 34, nous avons déjà dit qu'en 1973 on n'annonçait qu'il ne restait plus que 35 ans de consommation, alors qu'en 2007 c'est de 42 ans de réserves dont nous disposons. Il convient de souligner qu'il s'agit ici de diviser les réserves par la consommation du moment où on fait le calcul ; or, entre 1973 et 2006, la consommation annuelle de pétrole est passée de 56,3 Mb/j à 83,7 Mb/j. En 1981, on annonçait que la fin du plus grand gisement américain, Prudhoe Bay (Alaska), était pour 1991. On est bien loin du compte tellement ses réserves sont encore importantes.

Il est paradoxal que les opposants au pétrole soient les plus soucieux de sa fin ; ils devraient au contraire s'en réjouir dans l'attente de voir leurs vœux enfin exhaussés ! Tandis que les compagnies pétrolières – qui devraient être les plus préoccupées – au lieu d'investir leurs plantureux gains[18] dans des industries non pétrolières, préfèrent racheter leurs propres actions tant elles sont certaines que leur industrie est assurée à un bel avenir pendant longtemps encore. Depuis quatre ans, Total dépense régulièrement dix millions d'euros par jour en rachat d'actions[19].

---

[18] En 2005, ExxonMobil : 36,1 milliards $. Royal Dutch Shell : 25,3 milliards $. BP : 22,3 milliards $. Total : 14,3 milliards $. Chevron : 14,1 milliards $. Eni : 11 milliards $.
[19] Rachat net d'actions Total en 2006 : 3,8 milliards d'euros.

Elles croient très sérieusement en leur avenir pétrolier. Lors des crises des années 1970, dans l'état de panique de l'époque, les pétroliers ont tous massivement investi dans la production de charbon. Par exemple, Total avait créé Total Charbon qui avait acheté notamment des mines en Afrique du Sud ; Eni avait pour sa part créé Eni Carbone pour préparer son arrivée massive dans le monde du charbon. Vers 1990, les unes après les autres, les compagnies pétrolières ont commencé à désinvestir dans le charbon[20], un combustible pourtant promis à un bel avenir, et se sont concentrées sur leur métier de pétrolier. Peut-on raisonnablement penser qu'elles ont abandonné leurs activités non pétrolières tout en sachant que le pétrole allait finir rapidement ?

N'en déplaise à beaucoup, l'or noir restera encore de l'or pendant longtemps…

---

[20] Total possède encore des intérêts charbonniers en Afrique du Sud ; Total Coal South Africa qui opère la mine de Dorsrfontein et Forzando Sud et Nord produit 3 Mt de charbon par an exportées vers l'UE. Ceci représente 1,4 % de la production énergétique du groupe en hydrocarbures…

42. Qu'est ce que l'Agence Internationale de l'Énergie ?

Après le choc pétrolier de 1973, les pays occidentaux devaient à tout prix réagir à l'épreuve de force qu'avaient lancée les pays membres de l'OPEP et montrer leur refus de la situation qu'ils avaient créée. Ils le font en créant l'Agence internationale de l'énergie (l'AIE), une sorte de contre-OPEP, qui a pour vocation de permettre aux gouvernements qui en sont membres de prendre des mesures conjointes leur permettant de faire face à des situations d'urgence en cas de rupture d'approvisionnement pétrolier, de partager leurs informations et de coordonner leurs politiques énergétiques.

L'AIE est un organisme autonome de 26 états membres lié à l'Organisation de Coopération et de Développement Économiques (OCDE) dont le siège est à Paris. La Commission européenne en est membre également.

L'idée de la création d'une organisation pour s'occuper de l'énergie revient aux USA. Le 12 décembre 1973, le secrétaire d'État de l'époque, Henry Kissinger, prononce à la Pilgrim Society de Londres, en plein milieu du premier choc pétrolier, un discours qui fera date. « *Cette crise peut devenir l'équivalent économique du défi du Spoutnik de 1957* », lance-t-il. Le Prix Nobel de la paix de 1974 explique que la crise énergétique « *n'est pas que le résultat de la guerre israélo-arabe, mais la conséquence inévitable de l'explosion de la demande mondiale* » ; il avait bien vu ! Le surlendemain, le quotidien *Le Monde* ne se trompe pas en titrant à sa une : « Un nouveau discours de Harvard », en faisant référence au discours du général Marshall qui lança le plan qui porte son nom.

Quelques jours après le discours de Kissinger, le Conseil européen réuni à Copenhague déclare qu'il faut « *étudier avec d'autres pays consommateurs de pétrole – dans le cadre de l'OCDE – les moyens de traiter les problèmes énergétiques communs et à long terme qui se posent* ».

C'est ainsi que l'AIE est devenue assez rapidement le « *chien de garde* » de l'énergie du monde occidental ; elle œuvre plus particulièrement à la surveillance du marché du brut. Il constitue en quelque sorte un groupe d'intérêt de défense des pays consommateurs de pétrole, grands et petits, riches et pauvres. Elle compte parmi ses membres tous les grands consommateurs de pétrole, mais aussi plusieurs grands producteurs (USA, Norvège, RU) ou d'autres énergies (Australie). Il se dit que la Chine pourrait prochainement devenir membre de cette agence.

43. Est-ce qu'après un tiers de siècle l'OPEP et l'AIE sont toujours antagonistes ?

Après un tiers de siècle de confrontation pacifique, l'OPEP semble avoir compris que personne n'est gagnant dans une stratégie de confrontation. Bien que l'AIE ait été créée pour servir de contrepoids au cartel des producteurs de brut, on constate que le dialogue s'établit progressivement entre les deux organisations et commence à donner des résultats.

D'une part, l'OPEP commence progressivement à constater qu'elle ne sort pas nécessairement conquérante pour avoir mis à la porte les entreprises pétrolières internationales. Les entreprises nationalisées sont certes gérées par les États membres de l'organisation, la répartition de la rente reste en grande partie chez eux, mais leur situation économique et sociale est généralement toujours peu reluisante. D'autre part, puisqu'on n'inverse pas aussi facilement une situation de confrontation – si l'on veut éviter d'admettre publiquement que l'on s'est trompé pendant trois décennies – le cartel se doit d'évoluer lentement vers une situation de plus grande coopération avec les consommateurs et, partant, avec l'AIE.

Ainsi, notamment lors de la guerre d'Irak en 2003, un accord entre l'AIE et l'OPEP a permis qu'il n'y ait ni envolée ni effondrement des prix du brut. L'inertie aurait pu déboucher sur une rupture d'approvisionnement ; le déclenchement du mécanisme de recours aux stocks stratégiques pouvait au contraire faire chuter les prix. Les deux stratégies auraient été des erreurs susceptibles d'entraîner de sérieux problèmes d'approvisionnement pendant des mois. Les marchés avaient besoin de savoir que toute pénurie dans la production serait compensée à la fois par les pays consommateurs en libérant des stocks stratégiques, mais aussi par les pays producteurs et donc principalement l'OPEP puisque les autres ont peu de marge de manœuvre. C'est là la substance de l'accord entre l'AIE et le principal pays de l'OPEP, l'Arabie Saoudite. Les prix perdent aussitôt les niveaux de spéculation qu'ils avaient atteints. L'accord est un succès. L'Arabie Saoudite et d'autres producteurs plus petits pompent pour compenser le manque de production en Irak, mais aussi celles du Venezuela en grève et du Nigeria en conflit socio-ethnique, alors que certains commentateurs pensaient que la guerre d'Irak ne se serait pas déclenchée précisément à cause de la situation pétrolière dans ces deux derniers pays. À noter qu'à la même époque, 17 réacteurs nucléaires japonais sont à l'arrêt à cause d'une mauvaise gestion, ce qui ajoutait de l'eau au moulin de ceux qui pensaient que la guerre ne pouvait être déclenchée sans créer un cataclysme énergétique.

Il convient de noter que la position géopolitique de l'UE et de ses États membres, généralement plus proche du monde arabe que celle de nos partenaires occidentaux, lui confère des créances pour prétendre gérer au mieux ce dialogue naissant entre AIE et OPEP. C'est d'ailleurs pour cela qu'alors qu'il n'y avait jamais eu de rencontres officielles structurées entre l'OPEP et les institutions européennes depuis 2005, les choses ont évolué. Le commissaire Piebalgs a inauguré, le 9 juin 2005, un cycle de rencontres annuelles dans le cadre du dialogue énergétique UE-OPEP qui permet aux deux parties de se connaître, de s'apprécier et de trouver des voies de collaboration sur des thèmes d'intérêt commun. La deuxième rencontre a eu lieu à Vienne le 2 décembre 2005, la troisième à Bruxelles le 7 juin 2006, la quatrième à Vienne le 21 juin 2007 et la cinquième à Bruxelles le 24 juin 2008. Ce rythme soutenu souligne la volonté des deux parties de poursuivre un dialogue qui se démontre être utile et d'un intérêt mutuel pour tous en vue d'améliorer la communication et la compréhension réciproques. Les deux parties ont intérêt à trouver des solutions qui améliorent la sécurité d'approvisionnement des uns et les débouchés des autres. Cela va passer – doit passer – par des investissements qui ne se feront que si les marchés sont stables et prévisibles, avec des prix du brut raisonnables qui ne mettent pas en danger les pays exportateurs et importateurs et leurs investissements.

Les représentants dans ce dialogue s'échangent des informations relatives à leur future stratégie énergétique respective, reconnaissant que la sécurité d'approvisionnement et la sécurité de la demande sont comme les deux faces d'une même pièce de monnaie. Les parties peuvent se dire que toutes les sources d'énergie doivent contribuer à la diversification du bouquet énergétique européen de manière non discriminatoire, et qu'une énergie soutenable doit prendre en compte les trois piliers du développement durable que sont la croissance économique, le progrès social et la protection de l'environnement.

Deux entités internationales à l'origine antagonistes collaborent, reconnaissent *de facto* que la liberté d'entreprendre est plus profitable que le contrôle politique. L'effondrement du mur de Berlin n'est pas étranger à cette évolution positive.

44. Quel est le rôle des stocks stratégiques ?

L'une des armes principales de l'AIE est l'utilisation des stocks stratégiques ; chaque État membre de l'AIE doit disposer de stocks de pétrole brut ou de produits raffinés équivalents à 90 jours de consommation. Ces stocks peuvent être détenus complètement ou partiellement soit par les compagnies, soit par les gouvernements. Ainsi, si l'OPEP décide de fermer les robinets, la panique des premières crises ne se reproduira plus grâce à l'écoulement régulé des stocks stratégiques ; le monde occidental aura trois mois devant lui pour gérer la crise. C'est une arme puissante au point que l'OPEP craint par-dessus tout que l'AIE, ou ses membres à titre individuel, aient recours à ces stocks.

En cas de crise, le système prévoit une réduction de la consommation, un déstockage et l'allocation du pétrole disponible entre participants. Leur rôle est essentiellement d'apaiser les éventuelles tensions sur le marché et d'assurer l'approvisionnement des volumes si des ruptures physiques devaient se produire suite à des conflits de toute nature. Toute décision prise dans ce contexte demande l'unanimité des 26 pays participants.

Voici deux exemples qui démontrent l'efficacité de ces stocks stratégiques. Lorsque l'Irak de Saddam Hussein a envahi le Koweït le 2 août 1990, le monde s'est subitement trouvé à court de 4,3 Mb/j de brut, soit 8,5 % de la demande occidentale. Pendant six mois, l'AIE ne bouge pas, puisque certains de ses membres préfèrent garder les stocks au cas où la situation s'aggraverait. Au moment où la coalition attaque l'Irak pour chasser l'Irak du Koweït, les prix avaient baissé grâce à une augmentation de la production de certains pays exclusivement de l'OPEP, plus particulièrement l'Arabie Saoudite. C'est à ce moment-là que l'AIE, craignant que certains puits pétroliers arabes proches de la frontière koweïtienne ne soient détruits, annonce la vente de 2,1 Mb/j. Les prix chutent instantanément de 10 $/b ! C'était la première fois que l'arme des stocks stratégiques était utilisée et, par là même, démontrait son bien-fondé. Il aura fallu attendre 16 ans pour vérifier toute la pertinence de l'hypothèse de cet instrument de l'AIE.

C'est en 2005 que, pour la seconde fois, les stocks stratégiques ont été effectivement utilisés. À la suite du cyclone Katrina, l'AIE annonce la mise à disposition de 2 Mb/j pendant un mois pour faire face au risque de rupture d'approvisionnement. Cette décision est accueillie favorablement par tous... y compris l'OPEP ! Finalement, ce sont entre 42 et 45 Mb de produits pétroliers sur les 60 Mb mis à disposition qui auront été libérés avec une diminution immédiate du prix du baril. L'AIE a de nouveau joué son rôle avec succès.

Quoi qu'il arrive dans les relations entre l'AIE et l'OPEP, cette arme défensive des stocks devra être maintenue pour éviter qu'un jour il n'y ait de nouveau des « dimanches sans voiture » non pas pour des motifs environnementaux, comme on se plaît à en donner l'illusion une fois par an dans certaines villes européennes, mais pour des raisons géopolitiques comme en 1973.

45. Quelles sont les évolutions technologiques dans le domaine de la production des hydrocarbures ?

La théorie du *pic oil* (voir question n° 41) est peu crédible parce qu'elle s'appuie notamment sur une hypothèse invraisemblable : l'absence de progrès technologique. C'est là aussi une des faiblesses du cri d'alarme du Club de Rome (voir question n° 34). Pourquoi faudrait-il qu'il y ait des progrès dans tous les secteurs d'activité de l'homme et pas dans celui du pétrole ou du gaz ? Ici comme ailleurs, grâce aux ingénieurs, des évolutions ou des révolutions ont eu lieu et auront encore lieu. Au contraire, les industries pétrolières et parapétrolières sont à la pointe de la technologie et elles y investissent massivement. Ceci n'étant pas un ouvrage technique nous n'allons pas nous y attarder. Mais il suffit de mentionner quelques exemples d'évolution pour que le lecteur attentif comprenne que les progrès sont extraordinaires et le seront encore dans le futur. Ce n'est d'ailleurs pas les ressources financières qui leur manquent...

- La prospection sismique se fait à travers le déclenchement d'une série d'ondes par des dispositifs mécaniques de vibration du sol ou par des mini-explosions. Cette énergie mécanique se transforme en énergie élastique dans le sous-sol ; les mesures de réflexion des ondes par des sondes sismographiques permettent d'obtenir les informations qui rendent possible la création d'une image virtuelle du gisement. Il faut environ 600 explosions et 600 000 sondes pour mener à bien une prospection. Le procédé permettra d'obtenir une image tridimensionnelle de la structure géologique. La sismique à trois dimensions et l'imagerie électronique permettent ainsi de disposer d'une cartographie beaucoup plus précise du sous-sol et de la configuration du réservoir et donc de réduire le nombre de forages d'exploration. Le géologue peut grâce à l'informatique disposer de la réalité de la morphologie du gisement situé à des milliers de kilomètres et à des centaines de mètres de profondeur.

- Pendant longtemps le forage des puits était tout naturellement vertical. Les progrès ont permis progressivement de diriger le forage pour qu'il devienne horizontal d'abord et dirigé ensuite, un peu comme le médecin qui, avec une sonde, va ausculter votre cœur. Tout comme on se demande comment le médecin parvient à diriger sa sonde dans le ventricule gauche, on reste ébahi du géologue qui dirige son forage. Puisque la nappe pétrolière est abordée non plus verticalement mais horizontalement, les foreurs peuvent mieux exploiter le gisement. Ces forages permettent d'améliorer la productivité d'un facteur de deux à cinq et d'accroître simultanément le drainage. On arrive aujourd'hui à pomper dans des nappes qui se situent à 10 kilomètres du puits. À noter que cette technique a été développée en Europe dans le cadre d'un projet financé par la Commission européenne (champ de Rospo Mare en mer Adriatique).
- Les outils de forage sont devenus plus performants. ExxonMobil a annoncé en novembre 2005 qu'il avait mis au point un processus informatique d'optimisation du forage qui permet de réduire de 35 % le temps de l'opération. Comme il faut de nombreux forages pour une évaluation précise des réserves, les forages de découverte doivent être confirmés par des forages de contrôle afin de réduire les marges d'erreurs. On comprend donc que les coûts de ces opérations sont importants afin de réduire les coûts totaux des opérations d'exploration-exploitation.

En résumé, la révolution électronique que nous côtoyons dans notre vie quotidienne trouve des applications multiples et variées dans la prospection et la production pétrolière. Cela réduit les coûts et augmente les rendements.

46. Qu'est-ce que le taux de récupération d'un gisement ?

Un gisement pétrolier n'est pas une nappe homogène, ce n'est pas un lac souterrain. C'est une roche poreuse gorgée de pétrole comme peut l'être une éponge mouillée. Le rapport entre le volume de pétrole récupéré et le volume total contenu dans un champ donne le taux de récupération, qui varie selon les gisements. Il y a trente ans, on ne récupérait en moyenne que 22 % du pétrole contenu dans le gisement ; il y a vingt ans, c'était 30 % qui étaient récupérés. Actuellement, on récupère en moyenne 35 % (le même problème existe pour le gaz naturel, mais, dans ce cas, le taux de récupération est plus satisfaisant puisqu'il peut aller jusqu'à 80 %). Cette « éponge » est plus ou moins « pressée » en fonction de la disponibilité des technologies, mais aussi des prix du brut. Certes, il y a une grande dispersion de cette moyenne en fonction de la géologie des réservoirs.

On comprend aisément que l'on ne peut se contenter de taux de récupération aussi bas et que lorsqu'un gisement est mis en exploitation, l'investisseur a intérêt à en extraire le maximum de pétrole. La récupération assistée consiste à augmenter la pression dans les roches par l'injection de fluides qui peuvent être de l'eau sous pression ; de l'eau contenant des surfactants qui permettent à l'eau de pénétrer plus loin dans le gisement ; des bactéries ou le plus souvent des gaz (hydrocarbures produits dans le puits même ou de l'air, ou de la vapeur d'eau, du CO_2 ou de l'azote) ou leur combinaison. Cette augmentation de pression chasse hors du puits les hydrocarbures piégés dans la roche poreuse.

L'amélioration des techniques de récupération a permis d'accroître, de façon proportionnelle, les réserves prouvées. Cette technique a été conçue dans les années 1960, mais les premières expériences en grande échelle remontent aux années 1970. C'est la Hongrie qui a été la pionnière dans le domaine où la récupération assistée a été utilisée en 1969, presque simultanément aux USA. En mer du Nord, on a amélioré le taux de récupération de 1 % par an en moyenne pendant 22 ans. On peut se demander si ce taux peut encore croître significativement et permettre l'exploitation de bassins qui, jusqu'à présent, n'ont pas été estimés rentables du fait de leur trop faible volume.

L'enjeu est considérable puisque toute amélioration d'1 % du taux de récupération conduit à la mobilisation de 6 Gt, soit l'équivalent d'environ deux années de production. D'après les « pessimistes », cette amélioration n'est peut-être pas extrapolable à tous les gisements, preuve qu'ils prétendent encore et toujours limiter la portée du développement technologique.

L'injection de gaz pour libérer de force le pétrole emprisonné dans les roches constitue une technique d'amélioration sensible du taux de récupération. Le piégeage du CO_2 (voir question n° 33), dans le cadre de la lutte contre le changement climatique, présente également le gros avantage de permettre un meilleur taux de récupération du gisement. Avec cette technique qui n'est pas encore généralisée, on pourrait atteindre un taux de 55 %, ce qui augmenterait de 750 à 1 000 Gb supplémentaires les ressources mondiales de brut. La difficulté réside dans le coût du transport du CO_2 depuis l'endroit où il est produit jusqu'à l'endroit où il est injecté (souvent en *offshore*).

47. Qu'est-ce que le pétrole non conventionnel ?

Lors des chocs pétroliers des années 1970, les énergéticiens ont commencé à présenter des projets en vue de la valorisation de produits pouvant se substituer au pétrole. En plus de la liquéfaction et de la gazéification du charbon (voir question n° 75), l'intérêt était grand pour ce qu'on a appelé les pétroles non conventionnels. Il s'agit d'hydrocarbures plus difficiles à utiliser, parce que moins fluides ; ce sont, d'une part, les huiles extra-lourdes et les sables asphaltiques et, d'autre part, les schistes bitumineux.

Les bruts extra-lourds se caractérisent par leur très forte viscosité tandis que les sables asphaltiques sont un mélange de sable et de pétrole. Le total des ressources techniquement récupérables est évalué à environ 430 milliards de barils pour le pétrole extra-lourd et à 650 milliards de barils pour les sables asphaltiques. Soit un total proche de toutes les réserves de pétrole conventionnel. La production de pétrole non conventionnel est actuellement négligeable, mais si les prix actuels devaient se maintenir, voire augmenter, on verrait se développer la mise en exploitation de ces gisements.

Ces sables asphaltiques sont plus ou moins gorgés d'hydrocarbures. L'exploitation consiste à déplacer, par des engins et pelles mécaniques, le sable vers des appareils pour en récupérer le pétrole. S'ils sont situés en profondeur, il faut en extraire le pétrole en injectant de la vapeur d'eau produite à partir de gaz naturel. L'inconvénient est que, pour produire un baril de pétrole, il faut traiter 2 tonnes de sables asphaltiques, ce qui explique que, par rapport au pétrole du Moyen-Orient, cette production n'a de sens que si l'on est en tension géopolitique et financière, autrement la loi de Ricardo ne conduirait pas avant très longtemps à de telles exploitations. La production mondiale actuelle est de l'ordre de 1 Mb/j au départ d'une douzaine d'exploitants.

Le plus grand gisement mondial de sables asphaltiques potentiellement exploitables se trouve au Canada, dans l'Athabasca (nord de la Province d'Alberta), (entre 175 et 300 Gb). Il est déjà en exploitation sur une aire de 550 km². Il représente quelques 10 % de la production canadienne de pétrole. Le groupe Total a renforcé sa position dans ce domaine en investissant 4 milliards de dollars pour acquérir les réserves du gisement de Joslyn, ce qui devrait lui permettre de produire 200 000 b/j à l'horizon 2015.

Grâce à ce développement, cette province canadienne connaît une richesse qui fait envie aux autres entités fédérées, son seul problème étant de trouver la main-d'œuvre nécessaire à ce développement ; on estime que, d'ici 2020, il faudra trouver un demi-million d'employés. Bon problème pour cette province qui ne désire assurément pas que le prix du brut baisse trop. Cette région étant assez isolée, on constate de graves problèmes de drogue et d'alcoolisme parmi les travailleurs de ces exploitations.

L'entreprise italienne ENI a annoncé, en 2008, la découverte au Congo d'un gisement de sables bitumineux d'une capacité de 2,5 Gb ; on estime que la région devrait en posséder 7 Gb. Situé à 70 kilomètres de Pointe-Noire sur une aire de 1 800 km^2, le coût de production ne serait, selon ENI, que de 20 $/b. Les investissements de 3 milliards de dollars devraient conduire à un début de production en 2011.

Les plus grandes réserves de pétrole extra-lourd se situent au Venezuela, dans la ceinture de l'Orénoque ; les réserves dépassent 250 Gb, équivalant presque à celles revendiquées par l'Arabie Saoudite. On y produit déjà une forme d'hydrocarbure commercialisé sous le nom de « Orimulsion », indiquant par là qu'il s'agit d'une émulsion produite avec de l'eau et ce pétrole extra-lourd. La Colombie, le Venezuela, l'Équateur et l'Indonésie tentent de convaincre les compagnies pétrolières d'entreprendre des explorations en vue de la découverte d'éventuels gisements d'huile lourde.

Les schistes bitumeux sont des roches relativement dures contenant un précurseur du bitume (le kérogène) qui, après traitement, peut être converti en substance quelque peu semblable au pétrole. Pour cela, il faut que la roche subisse un traitement artificiel à haute température semblable à celui que la nature a entrepris au cours des ères géologiques. Par ce processus, la matière organique est convertie en hydrocarbure liquide. Les crises pétrolières des années 1970 ont conduit des compagnies pétrolières importantes à s'intéresser à cette filière mais, après avoir dépensé plusieurs milliards de dollars, différentes tentatives infructueuses pour extraire économiquement le pétrole du schiste ont été abandonnées. Le potentiel n'en est pas moins énorme. Si la matière organique piégée dans la marne pouvait être convertie en pétrole, les quantités d'hydrocarbures seraient bien au-delà de toutes les réserves classiques connues de pétrole puisqu'avec 3 500 à 4 400 Gb, ils représentent un potentiel encore plus considérable que les sables asphaltiques. Le schiste bitumeux existe en grande quantité dans le monde entier : en Australie, au Brésil, au Canada, en Syrie et Jordanie, en Chine, en Estonie, en France, en Russie, en Écosse, en Afrique du Sud, en Espagne, en Suède, aux États-Unis et en Israël ; des projets sont en préparation dans ce dernier pays. On prévoit le début de leur exploitation massive aux environs de 2030, lorsque le coût d'exploitation deviendrait proche du prix du baril de pétrole.

Dans l'UE, l'Estonie utilise les schistes bitumineux depuis les années 1930, produisant plus de 90 % de l'électricité générée dans ce pays. Les réserves de l'Estonie sont estimées à environ de 550 Mt, représentant plus de cent ans d'extraction.

48. Les nouvelles frontières, qu'est-ce que c'est ?

Avec un prix du pétrole qui a augmenté, les compagnies pétrolières ont commencé à exploiter des gisements pétroliers plus complexes que ceux du Texas ou du Moyen-Orient par exemple. C'est cette pression de l'OPEP qui a amené les entreprises à prendre des risques techniques et économiques pour exploiter les gisements de la mer du Nord. Aujourd'hui, cette exploitation est certes encore chère, mais elle est à présent banalisée. Ce saut technologique va en entraîner d'autres. C'est ce que les pétroliers appellent les « nouvelles frontières », dans le sens non pas de frontière entre pays, mais entre technologies. Il est vrai aussi qu'il y a une notion « géographique », car les endroits où se trouvent ces nouvelles frontières sont généralement des zones à la fois plus difficiles d'accès et d'exploitation, sinon elles auraient été déjà exploitées.

C'est donc grâce à la fermeture des *portes de leur paradis* que les dirigeants des pays de l'OPEP ont poussé les entreprises pétrolières et parapétrolières vers les nouvelles frontières. Comme souvent, c'est sous la pression d'une contrainte que l'on trouve de nouvelles solutions plus innovantes et plus intéressantes. Souvenons-nous que l'automobile s'est développée à New-York car les excréments des chevaux étaient devenus un problème grave de salubrité publique. Non seulement la technologie a apporté une solution innovante, mais en plus on a du même coup diminué drastiquement la tuberculose qui était propagée par ces rejets. On a également économisé de l'énergie, car il en fallait énormément pour apporter le fourrage dont la multitude de chevaux new-yorkais avait quotidiennement besoin. Mais revenons aux nouvelles frontières…

L'exploitation de ces sources de brut plus difficilement accessibles représente des défis technologiques, mais aussi économiques importants. Elles sont toutefois indispensables du point de vue stratégique à long terme. Le brut « subconventionnel » rassemble les pétroles situés dans les grands fonds marins et les zones arctiques où il semblerait qu'il y ait des gisements d'hydrocarbures importants. L'une des « nouvelles frontières » concerne les réservoirs très profonds, au-delà de 4 000 mètres, à distinguer des gisements *offshore*. La difficulté commence dans la phase de prospection, car les techniques d'imagerie sismique doivent être adaptées. Ensuite, il faut aborder des contraintes géophysiques sévères dues à la température qui peut atteindre 250 °C et aux pressions jusqu'à 1 200 bar. Ces conditions imposent le développement de matériaux nouveaux pour les pompes, les joints d'étanchéité et les sondes de mesure, avec une conséquence directe sur les coûts de production. À ces profondeurs, les forages horizontaux ne sont plus possibles, ce qui exige une bien plus grande précision pour atteindre la roche mère et nous ramène à l'époque des forages verticaux d'avant 1980. De plus, la grande profondeur allonge le temps de forage parfois de plusieurs mois, en fonction des conditions météorologiques des zones exploitées. Les zones les plus prometteuses se situent au large du Brésil et de l'Angola. Depuis 1997, les découvertes se montent à 30 Gb, les réserves ultimes à ces grandes profondeurs étant estimées pour l'instant à 100 Gb.

L'océan arctique est exploité depuis les années 1950. Les réserves sont considérables, mais le milieu est particulièrement hostile, la rentabilité faible et les dommages environnementaux causés par l'extraction hypothèquent le développement de la production. C'est là tout l'enjeu du débat sur l'exploitation pétrolière de l'Alaska.

49. Pourquoi cette frénésie pour le Grand Nord ?

Puisque les compagnies pétrolières savent que le pétrole possède des atouts uniques qui le rend irremplaçable dans le domaine du transport au moins à moyen terme, en attendant que les pays de l'OPEP se décident à ouvrir *les portes du paradis*, il faut exploiter des gisements plus difficiles (voir question n° 48). Une de ces zones est précisément la mer de Barents. Le gouvernement norvégien reconnaît la nécessité d'entamer la prospection dans cette région, même si la Norvège est en désaccord avec la Russie sur la souveraineté d'une partie de cette mer. Cette zone, qui a longtemps été « gelée » par la Guerre Froide, va sans doute devenir un espace de coopération énergétique puisqu'on estime que quelques 25 % des réserves non exploitées d'énergie y seraient situés. La mer de Barents, une surface grande comme deux fois et demi la France, devrait être en 2025 un des grands champs mondiaux de production.

Les premières productions de la mer de Barents ont débuté en septembre 2007 au départ de Snøhvit (« neige blanche ») vers le terminal GNL de Melkøya, 24 ans après la découverte du gisement. Notons que Total et Gaz de France ont investi dans ce projet. Défi technologique dans cette mer hostile, l'installation de production est totalement submergée et les Norvégiens ont mis un point d'honneur au respect total de l'environnement et des pêcheurs. Les Scandinaves tiennent à devancer les Russes et avoir un avantage sur eux lorsqu'à leur tour ils viendront explorer cette mer, et notamment le champ de Shtokman situé à plus de 500 kilomètres de la terre et qui devrait produire 68 Gm^3 par an de gaz naturel. On imagine le défi logistique, ne serait-ce que pour transporter le personnel en hélicoptère sur ces plateformes aussi éloignées. Pour montrer encore une fois que les solutions résident dans le progrès technologique et non dans les peurs, ce qui se prépare du point de vue technologique aurait été considéré comme étant de la science-fiction il y a seulement une dizaine d'années.

Il semble que la Russie va être le plus grand bénéficiaire du changement climatique. Premièrement, les secteurs actuellement inhabitables deviendront plus hospitaliers. Deuxièmement, puisque ce pays encercle presque la moitié de l'océan arctique et qu'il deviendra navigable, sa marine pourra utiliser de nouveaux itinéraires tout le long de la côte nord de la Russie et réduire considérablement ses durées de voyages. Mais cela est anecdotique par rapport au principal avantage qui est de rendre plus accessibles de vastes zones censées contenir des ressources énergétiques.

Selon le service géologique américain, c'est 1/4 du pétrole non découvert qui se cache dans ces zones jouxtant, pour l'essentiel, la Russie. Ce n'est donc pas un hasard si ce pays revendique la souveraineté sur la moitié de l'océan arctique, y compris le pôle Nord. À ce titre, elle avait soumis, le 20 décembre 2001, une demande en vertu de la Convention des Nations Unies sur le droit de la mer, mais celle-ci a été rejetée car il a été estimé que la Russie ne possède pas suffisamment de données géologiques pour soutenir cette revendication. En conséquence, la Russie se met immédiatement et frénétiquement à tracer des cartes, et, en 2007, à planter des drapeaux nationaux dans les fonds marins à grand coup de tapage médiatique. Mais les autres pays qui ont un littoral avec l'océan arctique – le Groenland (Danemark), le Canada, les États-Unis et la Norvège – en font évidemment tout autant. Le changement climatique va certainement enrichir la Fédération de Russie en ressources énergétiques. On risque donc de trouver encore plus de ressources énergétiques et d'en consommer plus, provoquant un phénomène d'emballement…

Dans un esprit d'apaisement – sachant probablement que le gâteau est assez grand pour tous – les cinq pays, réunis le 28 mai 2008 à Illulisut au Groenland, se sont accordés pour laisser les Nations Unies arbitrer la question de la répartition de ce territoire arctique et de ses richesses, notamment en hydrocarbures. Ceci a fait dire à Per Stig Moeller, ministre danois des Affaires étrangères que « *la course vers le pôle Nord a été annulé* ».

La course oui, mais l'intérêt pour le Grand Nord dans le domaine du pétrole et du gaz n'est pas prêt de diminuer car il faudra satisfaire l'appétit énergétique des nations émergentes.

50. Qu'est-ce que la malédiction du pétrole ?

Les ressources pétrolières sont-elles vraiment une bénédiction ? Pour l'automobiliste européen, américain et bientôt chinois, sans aucun doute. Mais, pour les pays en développement qui en regorgent, il est « *l'excrément du diable* », pour citer Juan Pablo Pérez, ministre de l'Énergie du Venezuela en 1975 et principal fondateur de l'OPEP. Pérez constatait que, depuis que son pays était devenu riche en pétrole, il s'enfonçait dans la pauvreté et il ajoutait : « *Le pétrole apporte le gaspillage, la corruption, les dépenses inutiles et la dette... Cette dette que nous subirons pendant des années et des années* ». Ce triste constat peut être tiré également pour la production d'or ou de diamants. Dans les pays qui en détiennent, quelques-uns se sont enrichis, mais la population reste injustement pauvre.

Ces symptômes sont ceux connus en économie sous le nom de « maladie hollandaise » (ou *Dutch Disease* en anglais). Cette théorie du mal néerlandais se réfère au dysfonctionnement intervenu aux Pays-Bas dans les années 1960, lorsque le développement du gisement de gaz naturel de Groningen entraîna une régression du secteur industriel tout en poussant l'inflation. Dans le cas du pétrole ou du gaz, la maladie hollandaise affaiblit paradoxalement le pays en causant une brusque augmentation des revenus issus des ressources d'hydrocarbures. Cela entraîne une hausse considérable du taux de change d'un pays, réduisant ainsi les prix relatifs des marchandises d'autres secteurs tels que l'industrie. Cette surévaluation de la monnaie est telle que la main-d'œuvre et le maigre capital de ce pays quittent le secteur traditionnel pour confluer dans le secteur des hydrocarbures. Cela bloque même la création d'infrastructures et, évidemment, tout progrès social et éducatif. Profitant de la manne, le gouvernement dépense les bénéfices issus des ressources pétrolières, mais sans investir dans l'agriculture ou les autres industries. Le pétrole est donc, pour certains pays, l'excrément du diable qui provoque la maladie hollandaise.

Nous prendrons l'exemple du Nigeria pour illustrer cette affection qui a frappé ici aussi puisque, ébloui par le mirage pétrolier, le pays délaisse l'agriculture et la pêche depuis plus de trente ans, entraînant ainsi sa population dans une situation intenable avec une espérance de vie moyenne de seulement 48 ans. Attaquées de toutes parts dans les années 1990, les multinationales pétrolières ont augmenté les budgets alloués au développement communautaire, tout en affirmant qu'elles ne sauraient assumer le rôle de l'État qui devrait être le principal prestataire des services sociaux. Il est vrai que le Nigeria se classe 158e dans la liste de pays où il fait « bon » vivre, liste publiée par le Programme des Nations Unies pour le Développement. On voit mal, dans ces conditions, comment ce pays pourrait arriver à son objectif de production de 4 Mb/j qu'il s'était fixé pour 2007... Il aurait intérêt, d'abord pour sa population, ensuite pour son économie et finalement pour l'ensemble du monde, à faire en sorte que la manne pétrolière profite enfin à l'ensemble de sa population en faisant en sorte que la richesse soit équitablement répartie.

Le problème des hypothèques est une menace pour les pays africains pétroliers ou gaziers. À chaque découverte de gisement, les États empruntent sur la base des revenus futurs et les banques prêtent bien volontairement. Les dirigeants peu scrupuleux se servent sur ces emprunts et lorsqu'ils s'en vont – ou qu'ils ont été chassés – les dettes deviennent le problème de leurs successeurs. Si des instances internationales n'imposent pas aux grandes banques des critères stricts sur l'utilisation de ces créances, le fléau des hypothèques sur le pétrole africain se poursuivra. Et la malédiction du pétrole continuera. À l'évidence, l'État de droit et l'*ouverture des portes du paradis* sont indispensables pour éviter ce fléau.

Mais, dans les pays où l'État de droit est une réalité, où l'entrepreneur peut avoir une confiance dans les institutions et les fonctionnaires, où la libre entreprise est une réalité transparente, où les pots-de-vin sont punis pas l'Etat, le pétrole n'est pas une source de malheur mais, au contraire, il est une richesse qui, à son tour, se multiplie en richesse pour l'ensemble des citoyens du pays.

51. Les entreprises pétrolières ne négligent-elles pas les questions éthiques ?

Comme les entreprises pétrolières américaines et européennes ont compris qu'elles devaient se soucier de l'environnement tant pour leur responsabilité vis-à-vis de la société en général, mais également pour leur image de marque face à l'apparition des groupes de pression environnementaux, elles prennent en compte l'éthique et ne font plus de compromis avec des gouvernances publiques critiquables. Cela va conduire à l'émergence d'un nouveau type de relation entre pays producteurs et compagnies pétrolières.

L'industrie pétrolière est l'emblème même du capitalisme, avec ce qu'il peut présenter de plus odieux, mais aussi de caricatural. Cette situation est aujourd'hui contestée par de nouveaux acteurs, au nom de la défense de l'environnement, de la bonne gouvernance et du respect des droits de l'homme ; de sorte que l'opinion publique occidentale est désormais sensibilisée à ces questions éthiques et pas seulement dans le cadre strict des entreprises pétrolières. Celles-ci ont intérêt à bien se tenir car des ONG les surveillent. Et il n'y a pas de raison de croire que cela changera. L'opinion publique tolérera de moins en moins les comportements injustes, frauduleux et arbitraires de sociétés qui prélèvent des ressources naturelles tout en voulant leur vendre des services découlant de celles-ci. Le citoyen moderne continuera à exiger de plus en plus de transparence de la part des entreprises avec lesquelles il est en relation, les corruptions de tous genres lui étant à présent devenues insupportables.

En fait, l'éthique fait partie des trois composantes du développement durable que sont la croissance économique, la protection de l'environnement et les aspects sociaux. La sensibilisation aux questions écologiques a été telle pendant les vingt-cinq dernières années du XXe siècle que le développement durable s'est en quelque sorte réduit à la dimension environnementale, dimension certes importante, mais néanmoins incomplète. On peut affirmer sans exagérer qu'aujourd'hui l'environnement fait désormais partie intégrante de toutes les questions et préoccupations énergétiques. Il doit en être de même pour l'éthique, même s'il faudra encore quelques années pour arriver au même niveau de sensibilisation que pour les questions environnementales. Le slogan « E3 ou Triple E » (énergie, économie et environnement) deviendra « E4 ou Quadruple E » incluant aussi « l'éthique ».

De plus, maintenir de bonnes relations avec les actionnaires représente un argument de poids en faveur des investissements éthiques. Les ONG acquièrent des participations dans les compagnies et, dès qu'ils détiennent de l'information, attirent l'attention de tous les investisseurs sur les implications sociales et environnementales de l'activité de l'entreprise.

Du côté des compagnies pétrolières, le choix des implantations est guidé par les conditions géologiques, ce qui les conduit à devoir travailler dans des pays où la gouvernance publique est déficiente et parfois totalement absente (Birmanie, par exemple) ou dans des pays instables (comme au Nigeria). Dans ces situations difficiles, les compagnies pétrolières savent qu'elles doivent être particulièrement vigilantes à leur contribution au progrès économique, au développement social[21] et au respect des droits de l'homme. Les retombées locales doivent être importantes et équitables, il ne peut plus être question que quelques proches du pouvoir s'enrichissent et laisse croupir les populations dans la misère ; la transparence financière – parce qu'elle favorise une bonne gouvernance – est à cet égard déterminante. Le pétrole ne peut plus, ne doit plus être *l'excrément du diable* !

Il est vrai que des compagnies pétrolières de certains pays émergents ne se soucient pas de ces questions et ne se sentent pas concernées par ces principes. Par exemple, on peut dire qu'à cause de la guerre du Darfour, on ne trouve pas au Soudan des compagnies européennes ou anglo-saxonnes. Elles s'en tiennent éloignées. Mais les asiatiques non ! De sorte que la concurrence entre entreprises pétrolières n'est pas équitable. Un moyen pour « éduquer » ces compagnies peu soucieuses des valeurs éthiques est de les associer dans la réalisation de gros projets conduits majoritairement par les sociétés pétrolières occidentales. Cela finira par leur montrer toute l'importance de ne pas laisser de place à la compromission sur l'éthique dans le domaine de l'énergie.

---

[21] Plus de 80 % du personnel de l'unité flottante de stockage et de traitement (FPSO) du champ de Dalia que Total exploite en Angola sera originaire de ce pays, non seulement pour occuper des autochtones, mais également pour les former, grâce à un vaste programme, à des postes d'ingénieurs et de techniciens locaux.

L'époque où, selon Global Witness (ONG active sur les questions d'éthique) Elf traitait le Congo comme une colonie ou finançait en même temps les deux parties du conflit angolais est révolue... du moins pour les entreprises occidentales, peut-être pas pour les chinoises.

52. Qu'est-ce qu'une compagnie parapétrolière ?

J'écris ces lignes d'un club de vacances en Turquie et, soucieux de l'efficacité énergétique, j'ai posé quelques questions à un responsable. Je découvre que les glaçons pour les boissons ne sont pas produits par l'hôtel, mais que c'est une société spécialisée, mieux équipée pour économiser l'énergie, qui le fournit en cubes de glaces. Il en est de même pour le nettoyage du linge.

Comme dans toute activité humaine, on tend à se spécialiser également dans l'industrie du pétrole. Ainsi, progressivement, se sont créés une multitude d'entreprises, parfois grandes, parfois des PME, qui possèdent un savoir-faire spécifique que les grandes entreprises ne veulent pas ou n'ont pas intérêt à maîtriser elles-mêmes. Ces entreprises de services du secteur parapétrolier ne sont pas nécessairement connues par le grand public bien qu'elles jouent un rôle fondamental dans le métier du pétrole, comme du gaz d'ailleurs. On peut citer des noms comme Géophysique, Technip, Schlumberger, Saipem, Vallourec, Aker Kvaerner Asa... Les compagnies du secteur parapétrolier emploient en Europe directement 250 000 personnes et indirectement 500 000 personnes. Les compagnies pétrolières ont, avec le secteur parapétrolier, une relation amour/haine. Elles se méfient des sociétés de services parapétroliers en tant que compétiteurs, mais ont besoin de leur intervention pour leurs travaux de prospection et de production. En fait, les entreprises pétrolières confient de plus en plus au secteur parapétrolier les campagnes sismiques, les forages et l'installation de plates-formes de production.

Tout ce secteur du parapétrolier a accompli des progrès remarquables grâce, entre autres, au programme européen de soutien à la prospection et à la production d'hydrocarbures. Ce programme de démonstration, qui a débuté en 1974, a été dans la ligne de mire de certaines organisations qui considéraient que l'Europe ne devait pas donner des subventions à la production de pétrole et qu'il fallait faire passer ces fonds vers les énergies renouvelables. C'est ce qui a été fait à la fin des années 1990, pénalisant notamment une multitude de PME, britanniques en particulier.

On ne peut nier toutefois que c'est grâce à ce programme de démonstration que ce qui semblait impensable est devenu réalité ; pour reprendre la phrase de Cocteau, « *on ne savait pas que c'était impossible, alors nous l'avons fait* ». C'est notamment grâce à ce programme et aux efforts des compagnies parapétrolières que l'on est parvenu à exploiter le pétrole de la mer du Nord.

Avec l'envolée des prix du brut depuis 2005, les compagnies pétrolières ont pris conscience du sous-investissement et investissent à présent massivement dans de nouvelles capacités de production. Résultat, les cours de bourse des sociétés parapétrolières se sont envolés. Ces années fastes vont encore se poursuivre tant la demande est soutenue, le secteur parapétrolier reste porté par la conjoncture et le retournement n'est toujours pas en vue.

Si les compagnies parapétrolières sont importantes, elles ne peuvent toutefois supplanter les compagnies pétrolières. Celles-ci sont incontournables en terme de gestion de projets ; c'est leur principale force avec la capacité de mobilisation des fonds énormes pour réaliser les projets pétroliers ou gaziers. Si l'Iran se fâche parce que Total se retire du projet Pars-Sud (voir question n° 72), c'est parce qu'il sait très bien qu'il n'est pas capable de le réaliser, même si les compagnies parapétrolières devaient, par pure hypothèse, passer outre les pressions des Nations Unies.

53. Pourquoi les raffineries de pétrole sont-elles si importantes ?

C'est le pionnier des pétroliers, John Davidson Rockefeller, qui découvre l'importance fondamentale du raffinage. Le pétrole était alors utilisé essentiellement pour l'éclairage dans des lampes qui, en brûlant mal un produit insuffisamment purifié, produisait du noir de fumée. Rockefeller produira, grâce au raffinage, un pétrole lampant qui ne fume plus. En 1870, il possède déjà trois entreprises qu'il fusionne pour créer la Standard Oil Company of Ohio (SOCO). Le nom de la société indique le souci de Rockefeller de standardiser des produits en vue de la fidélisation de la clientèle. Ensuite, il part à la conquête du transport et de la distribution. Très vite, il devient incontournable. La Standard Oil vend dans le monde entier ; en 1875, 70 % des activités de la SOCO se situent en dehors des USA. Tout cela parce que Rockefeller a compris avant les autres l'importance déterminante du raffinage du pétrole.

Au début, les raffineries étaient situées sur le site de production mais, progressivement, on s'est aperçu qu'il était plus simple de transporter un produit brut plutôt que de transporter une multitude de produits raffinés. Les raffineries ont donc été implantées à proximité des lieux de consommation.

Dans un premier temps, la raffinerie séparait par des opérations physiques (distillation) les multiples hydrocarbures qui constituent le pétrole brut en divers mélanges plus ou moins homogènes. C'est ainsi que l'on obtient de l'essence, du gazole, du kérosène, du butane, du propane, du fuel lourd, du bitume et même du coke de pétrole. Par la suite, des procédés chimiques sont venus s'ajouter, comme le craquage thermique ou le craquage catalytique, pour changer les quantités relatives des produits du raffinage. Puisque, par exemple, l'essence est un produit plus recherché que le fuel lourd et donc plus intéressant économiquement, par ces opérations chimiques le raffineur va s'arranger pour que l'on produise plus l'un que l'autre.

Les raffineries sont ainsi devenues de plus en plus complexes, non seulement pour répondre aux besoins du marché et aux exigences environnementales tant de son fonctionnement que des produits pétroliers qui en sortent, mais aussi pour pouvoir traiter différents bruts. En effet, un pétrole brut possède certaines caractéristiques qui le rendent unique ; le brut, c'est comme un vin : il ne ressemble à aucun autre. La complexité d'une raffinerie est telle que les marges bénéficiaires ne sont pas aussi importantes que dans les autres branches de l'industrie pétrolière. C'est la raison pour laquelle les grosses entreprises pétrolières ont tendance à se défaire de cette branche de leur industrie et la confient à des entreprises spécialisées.

Comme dans beaucoup d'industries, les investissements dans le raffinage étant cycliques, on se retrouve parfois avec des surcapacités ou des sous-capacités préjudiciables au marché pétrolier dans son ensemble. Ainsi, par exemple, les USA ont sous-investi dans les capacités de raffinage de sorte qu'au moindre pépin dans une raffinerie (suite, par exemple, à des ouragans) c'est tout le marché de l'essence qui en subit les conséquences et la volatilité du prix du brut est telle que nous avons subi des hausses à la pompe en Europe.

Une autre difficulté de ce secteur est la forte opposition à l'extension des capacités des raffineries, pour ne pas parler de la nécessité impérieuse d'en créer de nouvelles. Les oppositions des environnementalistes – notamment en Europe – sont telles que les opérateurs se découragent et n'envisagent même pas de lutter. On démet les raffineries obsolètes et on importe des produits raffinés. Les industriels des pays en développement l'ayant compris on constate l'émergence de nouvelles capacités chez eux. En dix ans, la capacité de raffinage des USA a augmenté de 11 %, celle de l'Inde de 142 %, celle du Moyen-Orient de 21 %, celle de l'Asie de 24 % ; et dans l'UE, où l'on veut protéger l'environnement, on a limité la croissance à 5 %. La conséquence est que non seulement nous allons importer du brut, mais aussi, et de plus en plus, des produits raffinés. De ce fait, notre dépendance géopolitique sera encore plus préoccupante. Nous en subirons les conséquences dramatiques dans quelques années, et ce sont les autres qui vont en tirer les bénéfices économiques. L'UE risque de devenir comme l'Iran, importatrice de produits raffinés parce que nos capacités de production sont insuffisantes…

54. Comment explique-t-on la forte présence britannique dans le monde du pétrole alors que l'Allemagne est pratiquement absente ?

La présence britannique dans le Golfe arabo-persique débute au XIXe siècle le long de la route des Indes et se poursuit par la création du Protectorat du Koweït en 1899. Les Britanniques cherchent à diminuer la présence russe dans cette partie du monde. On retrouve là, dans une zone où se déroule ce que Rudyard Kipling appelait « le Grand Jeu » dans son roman *Kim*, cette rivalité entre la Russie impériale et la Grande-Bretagne pour le contrôle de l'Asie centrale dans la seconde moitié du XIXe siècle, et qui s'acheva en 1907 quand Saint-Pétersbourg et Londres trouvèrent un compromis qui produit ses effets encore aujourd'hui. L'Asie centrale passait sous contrôle du Tsar. Mais l'Afghanistan devenait un « État tampon » entre les Indes britanniques et les nouvelles possessions de la Russie. L'Iran était partagé entre une zone d'influence russe, au nord, et une anglaise, au sud... C'est cette confrontation qui a cours lorsque les prospections britanniques commencent en Perse, et que le pétrole est découvert à Bakou. Ces pays d'Asie centrale ont été d'abord des colonies russes, puis soviétiques, pour enfin redevenir autonomes après la chute du Mur.

La France se retrouve écartée de l'Orient depuis l'échec de son expédition en Égypte en 1798 et ne s'intéresse guère au pétrole.

Les prospections pétrolières commencées en Perse en 1899 par le Baron britannique de Reuter ne donnent pas de résultats. De Reuter abandonne et fonde l'agence de presse bien connue qui porte encore son nom. Ce sera William Knox d'Arcy, un Canadien d'origine française qui, après avoir fait fortune dans les mines d'or du Queensland, poursuivra l'aventure, car jusque-là il s'agit bel et bien d'aventures. Il signe un accord d'exploitation avec le Shah d'Iran le 28 mai 1901. Mais il lui faut trouver de nouveaux capitaux. Cette prospection du pétrole coïncide avec la mécanisation des armées et le développement fulgurant de l'industrie de l'automobile. La diplomatie de Londres entre en jeu, car l'amirauté britannique a compris l'importance de ces évolutions. Le Premier Lord de la Mer, l'Amiral Fisher, était en effet convaincu que le fuel allait supplanter le charbon pour la propulsion marine. Les capitaux nécessaires seront apportés par des industriels écossais qui forment la Burmah Oil en 1886, société qui opère déjà en Birmanie, un des plus anciens pays exportateur de pétrole.

Les Anglais, qui ont choisi le Sud de la Perse, ont de la chance car le pétrole jaillit 7 ans moins deux jours après la signature, le 26 mai 1908, juste à temps, car les actionnaires avaient décidé d'arrêter les frais… Cette date, que l'on ne trouve pas dans les manuels scolaires, est une des plus importantes de l'histoire mondiale. Dans le câble annonçant cette découverte, qu'il envoie à d'Arcy, G.B. Reynolds comprend la grandeur de l'instant et cite le Psaume 144 verset 8 : « *Lui [Dieu] qui change le roc en nappe d'eau, et le granit en source jaillissante* ».

C'est ainsi que naît l'Anglo-Persian Oil Company (APOC) en 1909 (dont Burmah Oil, détient 97 % des parts). Winston Churchill, qui a compris l'importance du pétrole pour l'armée et en particulier la marine, négocie avec Shell et met tout en œuvre pour que l'amirauté britannique puisse s'approprier 51 % des parts de cette compagnie. Ce sera chose faite en mai 1914. La compagnie change de nom et devient par la suite l'Anglo-Iranian Oil Company (AIOC) en 1935. En 1954, après la nationalisation de la concession, elle deviendra British Petroleum, connue sous le nom actuel de BP.

Le démembrement et le partage entre les alliés des provinces non turques de l'Empire ottoman font l'objet d'affrontements entre la Grande-Bretagne, la France, l'Allemagne et la Russie, en particulier pour s'approprier l'Irak.

Les Allemands, sur base de l'article 22 des accords avec l'Empire ottoman de 1903, construisent, via la Deutsche Bank, le chemin de fer et obtiennent une concession de 20 kilomètres de part et d'autre de la voie. Mais, à eux seuls, ils n'arrivent pas à faire face à cet investissement. C'est alors qu'entre en scène Calouste Gulbenkian, un ingénieur d'origine arménienne de nationalité ottomane, né en 1869, qui étudiât à Marseille et ensuite à Londres, fils de banquier, qui connaît les Nobel et les Rothschild auprès de qui il devient un expert pétrolier. Grâce à son habileté, il se fait également connaître du patron de Shell. En 1911, il parvient à créer la société Turkish Petroleum Company (TPC) dont les actionnaires sont la Deutsche Bank avec 25 %, la Royal Dutch Shell avec 25 % et l'APOC avec 50 %. Les USA et la Standard Oil sont les grands perdants de ce montage financier – pour l'instant du moins – malgré tous les efforts déployés pour pénétrer dans cette société.

La guerre de 1914-1918 révèle l'importance des carburants liquides et la clairvoyance de Churchill, car les Britanniques n'ont aucune difficulté d'approvisionnement auprès de l'Anglo-Persian. En 1916, les Allemands font main basse sur la Roumanie et ses gisements ; ce pays était alors le 5e producteur de pétrole.

Le dépeçage de l'Empire ottoman est décidé en mai 1916 par l'accord secret Sykes-Picot entre la France et la Grande-Bretagne. La Conférence de San Remo en avril 1920, qui entérine l'accord Sykes-Picot, attribue au Royaume-Uni un mandat de la Société des Nations (SDN), l'ancêtre de l'ONU, sur l'Irak et la Palestine, tandis qu'elle confie la Syrie et le Liban à la France, hélas moins riche en pétrole que les territoires dévolus au Royaume-Uni. Toutefois, la France reprendra à son compte les 25 % que la Deutsche Bank détenait dans TPC et placés sous séquestre en 1914.

Les Français qui n'ont visiblement pas eu la clairvoyance des Britanniques finissent par créer, en 1924, la Compagnie Française des Pétroles (CFP, ancêtre de Total). Le gouvernement français détient 35 % des actions et 40 % des droits de vote. L'État apportait les droits de la Deutsche Bank au Moyen-Orient récupérés au titre des dommages de la guerre de 1914-1918 et disposait d'un droit de regard dans la gestion de l'entreprise « nationale ».

Par la suite, Paris renonce à l'enclave kurde en Irak en échange de l'entrée de la CFP dans le capital de TPC, qui finira par échoir à Bagdad par décision de la SDN. À noter que, malgré son flair, Winston Churchill s'est laissé influencer par ses conseillers qui l'ont dissuadé de créer un État kurde pourtant prévu par les accords secrets ; la situation au Moyen-Orient aurait été bien plus simple aujourd'hui…

Cette leçon d'histoire démontre qu'en géopolitique de l'énergie, il n'y a pas de hasard. Le flair, la ténacité, l'intelligence (dans les deux sens du mot), les choix politiques et diplomatiques influencent pour longtemps la structure de la géopolitique de l'énergie.

55. Pourquoi le lien entre les guerres et l'énergie est-il si étroit ?

Si le dicton populaire dit que l'argent est le nerf de la guerre, on pourrait tout aussi valablement dire que l'énergie est le nerf de la guerre.

Depuis la révolution énergétique, le monde – bien tristement – a subi une trop longue suite de guerres. Elles n'ont pas été nécessairement toutes provoquées par l'exigence de satisfaire des besoins en énergie, mais elles ont presque toujours une dimension énergétique.

C'est en 1912 que Winston Churchill, alors Premier Lord de l'Amirauté, décide que ses navires de guerre utiliseraient du fuel au lieu du charbon. Il écrit que « *les avantages conférés par un combustible liquide sont inestimables* ». Il devait faire face à l'opposition de Lord Selborne qui déclare, en 1904, que « *la substitution du charbon par le pétrole est impossible, parce que le pétrole n'existe pas dans ce monde en quantités suffisantes. Il ne peut être qu'un appoint intéressant* ». On entend la même rengaine malthusienne encore aujourd'hui.

C'est de là que provient tout l'intérêt britannique pour le Moyen-Orient et la place prépondérante de BP et de Shell dans le monde du pétrole. C'est pour ne pas perdre des sources d'approvisionnement que les USA sont entrés dans la Première Guerre mondiale, dont l'un des principaux enjeux était précisément le partage du Moyen-Orient riche en pétrole.

C'est en raison de l'embargo sur ses approvisionnements pétroliers que le Japon attaqua les USA à Pearl Harbour le 7 décembre 1941, forçant ainsi l'entrée en guerre des Américains. C'est pour atteindre les réserves du Caucase qu'Hitler dirigea son armée vers Stalingrad au lieu de continuer vers Moscou, après avoir rompu le pacte germano-soviétique qui lui avait pourtant assuré le pétrole nécessaire pour ses premières victoires. C'est pour tenter de s'approprier des réserves pétrolières du Moyen-Orient que les nazis ont lancé le général Rommel en Afrique du nord ; il y avait tant à faire en Europe, pourquoi fallait-il ouvrir un autre front si ce n'était pour s'approprier l'énergie ?

C'est en rentrant de Yalta, où le partage du monde qui allait durer un demi-siècle fut décidé, que le président américain Franklin D. Roosevelt s'appropria les réserves de l'Arabie Saoudite, les premières du monde.

Ce sont des compagnies pétrolières, notamment françaises, qui ont financé les nombreuses guerres civiles en Afrique et en Asie. Plus proche de nous, il nous vient immédiatement à l'esprit la guerre du Golfe et celle d'Irak…

C'est pour arrêter les guerres continuelles en Europe que Robert Schuman lance son idée de création de marché commun du charbon et de l'acier ; il avait compris que, pour unir l'Europe, il fallait mettre en commun les outils qui servent à faire la guerre, l'énergie qui est le sang qui coule dans les veines de l'économie et l'acier qui est la matière première pour la construction des armes.

Il n'est donc pas étonnant aujourd'hui que l'on soit enfin parvenu à ne plus se faire la guerre entre pays industrialisés. Tony Blair lorsqu'il était Premier ministre n'a-t-il pas déclaré que « *les questions d'énergie sont aussi importantes que celles de la défense* ». Il ne faut donc pas avoir une attitude béate, utopique ou sentimentaliste sur ces questions. Ceux qui ne veulent pas le comprendre seront déçus.

56. Pourquoi le gaz naturel est-il appelé l'énergie de l'avenir ?

Lorsqu'en 1980 je travaillais sur ma thèse de doctorat dans le domaine de la conversion du charbon en hydrocarbures, je suis allé présenter l'état de mes recherches dans une conférence à Düsseldorf. Jeune chercheur, j'étais honoré de pouvoir ainsi exposer l'avancée de mes travaux. Quelle ne fut pas mon irritation lorsqu'un intervenant britannique présenta sa vision du monde de l'énergie et fît un plaidoyer pour le gaz naturel, lui assurant un avenir brillant au point que l'on allait arrêter les recherches sur la liquéfaction et la gazéification du charbon ! Je me suis mis en colère intérieurement. Mais il y a longtemps que j'ai compris qu'il avait raison et que mes recherches étaient une solution pour le long terme... Pourtant, à l'époque, tout le monde parlait du charbon comme l'énergie indispensable pour supplanter le pétrole puisque nous pensions qu'il n'y allait plus y avoir d'or noir et le gaz naturel était peu considéré (voir les erreurs du Club de Rome, question n° 34).

Le gaz naturel – essentiellement composé de méthane (CH_4), la plus simple des molécules organiques – fut pendant longtemps considéré comme un simple sous-produit du pétrole, dénué de valeur commerciale. Il était le plus souvent brûlé dans les torchères[22] lorsqu'il était associé au pétrole[23] ou bien les puits étaient rebouchés quand, faute de brut, on découvrait un réservoir de gaz. Contrairement aux autres énergies fossiles, le gaz a eu beaucoup de difficultés à s'implanter. Il fallait qu'il y ait plusieurs conditions pour qu'il puisse émerger : la disponibilité des technologies permettant son extraction et son transport, la découverte d'un marché potentiel, notamment pour la génération d'électricité, la nécessité de diversifier la dépendance pétrolière et enfin la mise en œuvre des investissements nécessaires à son transport et à sa distribution jusque dans les maisons. Sous la pression des crises énergétiques déclenchées

---

[22] Une torchère est un énorme bec à gaz qui sert à brûler en hauteur le gaz dont on ne sait que faire.
[23] On l'appelle alors gaz associé.

par l'OPEP, tout cela est devenu réalité. Les pays industrialisés ont, avec raison, développé la filière du gaz naturel.

Le volume des réserves mondiales a augmenté de façon spectaculaire au point qu'elles croissent plus vite et plus régulièrement que celles du pétrole et le phénomène s'amplifie, car la prospection du gaz naturel devient plus prometteuse, non seulement en raison du marché qui se développe, mais aussi de l'évolution technologique. On estime qu'actuellement ses réserves sont de quelques 180 Tm^3, soit une durée de vie de plus de 70 ans.

Malheureusement – ou heureusement pour l'Europe – le gaz est une énergie des pays riches, car ils sont les seuls à pouvoir se permettre les infrastructures nécessaires à son déploiement du moins dans le secteur domestique et industriel ; dans la génération d'électricité, on peut s'attendre également à un développement dans les pays émergents.

On le voit, l'avenir du gaz naturel est assurément brillant, pour toute une série d'avantages que nous verrons bientôt (dans la question n° 60), mais c'est une énergie complexe dont le transport est la principale difficulté. Il se retrouve sous diverses formes dans la question énergétique.

Il convient de ne pas mélanger les différentes appellations de gaz :

- GPL (*LPG en anglais*) : c'est un mélange de gaz composé de propane et de butane. Pour 2/3, il provient de la production de pétrole brut (il sort du puits en même temps que le pétrole) et, pour 1/3, il est produit lors du raffinage du pétrole. Ce mélange de gaz est distribué en bombonnes et utilisé pour la cuisson, le chauffage domestique ou comme carburant automobile.

- GNL (*LNG en anglais*) : c'est du gaz naturel, donc du méthane – le plus simple des hydrocarbures – qui a subi une transformation physique. Il reste du méthane (pas de transformation chimique), mais il est condensé pour être transporté en phase liquide (voir question n° 58) ;

- GTL (*idem en anglais*) : la filière « *Gas to liquid* » transforme par une série de réactions chimiques le méthane en hydrocarbures liquides (diesel surtout) (voir question n° 75).

57. Peut-on craindre une OPEP du gaz ?

La concentration des réserves de gaz naturel dans quelques pays est préoccupante. La Russie avec 25 %, le Qatar et l'Iran avec 15 % chacun représentent à eux trois 55 % des réserves mondiales de gaz. De plus, la moitié des réserves se situent dans les pays qui appartiennent à l'OPEP et 40 % sont situées dans le Moyen-Orient. Les pays de l'OPEP exportent 60 % du gaz commercialisé dans le monde sous forme de GNL.

On voit donc que, contrairement au charbon et similairement au pétrole, cette concentration dans quelques pays va influencer la géopolitique liée à ce gaz. On peut et on doit utiliser plus de gaz, mais il faut le faire en veillant à diversifier les pays fournisseurs et les routes d'approvisionnement.

Cela pose le même problème que pour le pétrole du point de vue géopolitique, notamment en matière de prix. Nous allons importer toujours plus de gaz des mêmes pays qui fournissent déjà le pétrole : Russie, Qatar, Indonésie, Nigeria et Algérie. L'Indonésie est un pays qui subit des soubresauts réguliers, tout comme le Nigeria ; le Qatar, de par sa position en plein Golfe arabo-persique, n'est pas à l'abri de problèmes, notamment si un conflit en Iran devait survenir. Et la Russie prétend retrouver sa grandeur impériale grâce à sa nouvelle arme de dissuasion : l'énergie que Vladimir Poutine n'hésite pas à qualifier de « chrétienne » avec tout le poids géopolitique qu'il y a derrière ce qualificatif.

Tout comme pour le pétrole, on ne peut donc ignorer cette situation qui pourrait avoir des conséquences fâcheuses sur le plan géopolitique si ces pays devaient vouloir suivre la même stratégie. Les avantages de la filière gazière (que sont notamment l'existence de trois marchés régionaux, contrairement au pétrole dont le marché est mondial) et la diversification des sources d'approvisionnement ne doivent pas conduire à sous-estimer ce risque de cartellisation du marché gazier, et en particulier celui du GNL.

Ici aussi, comme pour le pétrole, il y a un risque de sous-investissement dans la production de gaz du fait de la nationalisation des marchés dans les pays OPEP et en Russie et du fait que la gouvernance publique de ces pays soit critiquable. Les compagnies internationales attendent de pouvoir investir avec la sérénité, la transparence et les règles de l'État de droit requises lorsqu'on les invitera dans ces pays.

Constatant leur force et sachant que le gaz est une énergie d'avenir pour l'Occident, les pays exportateurs de gaz naturel s'organisent et osent parler ouvertement de la création d'une organisation des pays exportateurs de gaz, « OPEG », une OPEP du gaz, qui pourrait conduire à la régulation des prix par la maîtrise de l'offre de cette énergie sur le marché international. La Russie dispose des atouts pour prétendre prendre la tête de cette possible OPEG.

La force de l'OPEP provient du fait que le pétrole est incontournable pour le secteur des transports. Il est hélas irremplaçable pour longtemps encore. Par contre, une éventuelle OPEG ne jouira pas de ce privilège, car pour la production d'électricité on peut remplacer le gaz par le charbon ou le nucléaire et, pour le chauffage, on a le fuel lourd, voire l'électricité nucléaire, sans parler de la biomasse dans les zones rurales.

Toutefois, il faut rester conscient que ce possible nouveau cartel ne pourra avoir la même puissance que l'OPEP, car les réserves en gaz naturel sont – même si ce n'est pas beaucoup – plus dispersées géographiquement que celles du pétrole. Si l'on peut s'attendre à une mondialisation toujours plus forte du marché du gaz, il y aura des limitations et des formes qui seront certainement très différentes de celle du marché du pétrole.

Une éventuelle OPEG serait problématique aussi en raison du coût du transport du gaz. Cette dimension particulière de la filière gazière est telle que le coût total (production, transport et éventuel stockage) ne varie pas de 1 à 10 comme c'est le cas avec le pétrole, mais cette variation est beaucoup plus limitée. Il n'y a donc pas, comme pour le brut, des situations de rentes abondantes comme c'est le cas avec celui du Moyen-Orient.

De plus, le marché gazier ressemble plus au marché de l'électricité qu'à celui du pétrole ou du charbon, puisqu'il est beaucoup plus difficilement stockable. Le gaz étant, pour l'essentiel, commercialisé en flux continu avec souvent des contrats de livraisons *take or pay* de 30 ans, une fois un contrat conclu il est difficile de faire intervenir des arguments de cartellisation.

On ne devrait donc pas s'attendre aux mêmes difficultés en matière internationale que pour le pétrole. Mais puisqu'il vaut mieux prévenir que guérir, les pays consommateurs lancent également des signaux à l'adresse de ceux qui envisageraient de cartelliser le marché du gaz. Lors de sa rencontre à Washington, le 26 mars 2007, avec les plus proches collaborateurs du président Bush en matière d'énergie, Samuel Bodman et John Negroponte, commissaire européen Piebalgs interrogé sur cette question d'actualité, puisque la Russie venait de lancer l'idée de la création de l'OPEP du gaz, a répondu que « *si les producteurs de gaz naturel comme la Russie et l'Algérie songeaient à la création d'un cartel du gaz, l'UE poussera le développement du nucléaire* ». La parade existe : une forte relance du nucléaire. Le public doit donc savoir que, si des tensions sur le marché gazier devaient se concrétiser, l'Europe n'aura pas d'autre choix que de relancer massivement la production électronucléaire.

58. Pourquoi le GNL est-il de plus en plus important ?

Apparue dans les années 1960, la filière du gaz naturel liquéfié (GNL) consiste à refroidir le gaz à –164°C pour le transformer en liquide à la pression atmosphérique où il occupe 600 fois moins de volume. On le transporte ensuite dans des méthaniers, navires spécialement conçus. Ce sont, en quelque sorte, des thermos géants navigants. Arrivé à destination, dans un terminal spécifique, il suffit de réchauffer ce gaz pour pouvoir l'injecter dans le réseau de distribution. Ces projets ont l'inconvénient d'être très capitalistiques, mais aussi de consommer une partie de l'énergie contenue dans le gaz pour toutes ces opérations. C'est l'Algérie qui a exporté pour la première fois du GNL en 1964.

Le GNL va devenir progressivement un produit qui va fluidifier le marché de l'énergie au point que l'on estime que, vers 2020-2025, il pourrait dépasser le pétrole comme premier combustible mondial. L'avantage est que les acheteurs pourront faire jouer la concurrence comme on le fait avec le pétrole, chose impossible lorsque l'on est dépendant d'un approvisionnement par gazoduc. Ainsi, le GNL introduit une variable de liberté dans ce marché et va donc jouer un rôle déterminant dans la maîtrise des pics de consommation.

Actuellement le GNL représente 15 à 20 % de tout le commerce mondial de gaz. En Europe, il représente 15 % du total des importations de gaz. Cette part est en forte croissance. D'ici 2030, le GNL devrait représenter la moitié du commerce de gaz dans le monde et 16 % de la consommation mondiale. On estime que le potentiel d'approvisionnement européen en GNL est de 35-60 Mtep. Ceci va conduire le marché gazier vers des contrats flexibles de livraison à moyen terme.

Si l'on assiste à une augmentation du transport de GNL, ceci s'accompagne évidemment d'une croissance du nombre de méthaniers en construction. Alors qu'en 2006 il y en avait 223 en opération, on en prévoit plus de 350 en 2009. Le monde économique, les chantiers navals, les opérateurs énergéticiens ont tous compris le potentiel de croissance de ce secteur du transport du gaz naturel liquéfié. Citons l'exemple du méthanier Excalibur, appartenant à la société Exmar, qui est déjà affrété pour les quinze prochaines années…

Cela doit aussi s'accompagner de nouvelles installations de terminaux méthaniers. L'exemple de l'Espagne est intéressant pour illustrer ce développement. Dans ce pays, le GNL représente déjà 65 % de la demande interne en gaz. Aujourd'hui, les six terminaux gaziers représentent 50 % de toute la capacité de l'UE. En plus, trois autres sont en construction, dont deux dans les îles Canaries, ce qui portera la capacité totale de GNL en Espagne à 62,7 milliards de m^3.

59. La flexibilité dans le marché du gaz est-elle vraiment améliorée par le GNL ?

Les méthaniers se comportent de plus en plus comme les tankers ; on sait où on les charge, mais on ne sait pas où ils vont décharger. C'est le marché qui va décider en fonction du prix spot[24] et de la demande du client. On assiste donc à une flexibilité croissante sur le marché spot grâce à la possibilité de faire changer de route au méthanier. Mais, bien plus important, on assiste à présent à des changements non plus seulement sur le prix spot, mais aussi sur le long terme. Ce qui est arrivé en Belgique en 2007 est emblématique.

Pendant 25 ans, la Belgique s'est approvisionnée en GNL au départ de l'Algérie. Ces deux pays ont été parmi les pionniers à ce sujet, la Sonatrach comme fournisseur et Distrigaz (à présent du groupe GDF Suez) comme acheteur ; leur contrat remonte à 1975 et les premières livraisons ont eu lieu en 1982. En 2004, les partenaires commerciaux engagent des négociations pour reconduire le contrat. Sonatrach est confiante car les livraisons ont été impeccables pendant toute la durée de vie du contrat. Malheureusement, l'entreprise nationale algérienne n'a pas vu que le monde du GNL avait évolué et que la concurrence est devenue une dure réalité pour les fournisseurs. Le Qatar propose de meilleures conditions économiques et Rasgas (filiale de Qatar Petroleum et ExxonMobil) finit par remporter le marché au détriment des Algériens. De sorte que, depuis le 1er avril 2007, la Belgique est alimentée en gaz naturel provenant du gisement de Ras Laffan, après avoir traversé toute la Méditerranée. La flexibilité, qui était une prérogative du marché pétrolier, devient progressivement également une caractéristique du marché gazier.

Un autre exemple est celui du Japon, qui s'alimentait en GNL essentiellement en Indonésie, Malaisie et Australie. L'isolation de ce marché a eu pour conséquence que le prix du gaz au Japon était supérieur au prix du gaz en Europe et aux USA. Puis, progressivement, du gaz en

---

[24] Le prix spot est déterminé au moment de la passation du marché. C'est une opération au comptant.

provenance du Qatar et des Émirats Arabes Unis est arrivé sur son marché. Mais aujourd'hui, avec le développement du projet russe de production de pétrole et de gaz à Sakhaline (voir question n° 67), la Russie parvient déjà à faire baisser les prix du GNL des fournisseurs traditionnels sans que les livraisons aient même commencé.

60. Pourquoi le gaz naturel est-il si attractif ?

Cette énergie des pays riches présente de nombreux points forts. Premièrement, c'est du méthane (CH_4), le combustible fossile le plus propre. Le charbon et le pétrole sont composés de molécules beaucoup plus complexes et donc produisent plus de CO_2 lors de leur combustion. C'est son rapport C : H de 4 qui lui donne un privilège incontestable. On libère beaucoup plus d'eau par rapport au CO_2 en brûlant une molécule de méthane que tout autre hydrocarbure.

De plus, puisqu'il ne contient pratiquement pas de soufre, il n'est pas un précurseur des pluies acides comme l'est le charbon. Il ne produit ni cendres ni particules solides, sources de *smog* (comme on l'a constaté à Pékin lors des derniers Jeux Olympiques) et de problèmes respiratoires. C'est un combustible idéal pour l'environnement, d'où son rôle prépondérant dans le cadre du développement durable.

Ensuite, il présente l'avantage de pouvoir être multi-usage, même si ce n'est pas autant que le pétrole. C'est un combustible idéal pour l'usage domestique (chauffage, production d'eau chaude et cuisson), du moins dans les pays qui peuvent se permettre de développer un réseau de distribution.

Mais il est également très intéressant pour la production de l'électricité. C'est dans ce secteur que l'on assiste à un véritable engouement. D'abord, parce que les centrales au gaz nécessitent un investissement inférieur à celui des centrales au charbon ou nucléaires. Les centrales en cycle combiné « turbines gaz vapeur » (TGV) présentent un haut rendement par rapport au charbon et au nucléaire. Elles peuvent être construites rapidement et de façon modulaire (pas besoin de faire du sur-mesure).

À noter que des applications intéressantes comme la production d'électricité décentralisée (microturbines), les piles à combustible stationnaires ou les piles à combustible pour véhicules devraient arriver sur le marché dans quelques années (voir question n° 37).

Enfin, et peut-être surtout, ce sont ses avantages en matière de géopolitique de l'énergie qui en font le combustible de choix pour les prochaines décennies. À condition que les producteurs de gaz ne créent pas l'OPEP du gaz (voir question n° 57)…

Les avantages que nous venons de mentionner sont tels que toutes les prévisions indiquent une croissance de la demande mondiale de gaz naturel. Globalement, le taux de croissance sur les 30 prochaines années est de l'ordre de 2,4 % par an, ce qui est la plus forte croissance parmi les énergies fossiles (charbon : 2,1 % et pétrole : 1,9 %).

Cela est vrai bien évidemment pour l'Europe. Toutes les études le confirment : poursuivant sur la tendance de ces dernières années, la consommation de gaz en Europe connaîtra une hausse spectaculaire. Elle devrait être de l'ordre de 35 % d'ici 2020. Produisant peu de gaz naturel, l'Union deviendra par conséquent un très gros importateur.

Devoir assurer cet approvisionnement n'est pas sans conséquences géopolitiques. Or, les pays les plus proches pouvant nous en vendre sont premièrement la Russie, puis nos fournisseurs actuels de l'Espace Économique Européen, la Norvège et l'Algérie. En vue de la diversification des approvisionnements, on devra avoir recours à d'autres pays fournisseurs, tels que ceux de la zone de la mer Caspienne et bien évidemment du Moyen-Orient ; les pays africains et les autres pays plus éloignés pourront apporter une contribution en GNL, qui sera déterminante dans la diminution des tensions géopolitiques sur les approvisionnements.

61. D'où et comment acheminer tout ce gaz vers l'Europe ?

L'augmentation prévue des importations de gaz naturel et, en particulier, en provenance de la Fédération de Russie pose des problèmes majeurs de sécurité d'approvisionnement à l'UE. Il faudra recourir à de nouveaux gisements plus éloignés géographiquement. Pour répondre à la demande future de l'Union élargie, dont les besoins en importations devraient atteindre 400 Gm^3 d'ici 2020, il faudra investir, dans les années à venir, plusieurs milliards d'euros dans la prospection de nouveaux gisements de gaz et, plus particulièrement dans de nouveaux gazoducs, mais également dans des terminaux GNL.

Il est prévu que la capacité actuelle de 337 Gm^3 augmentera de 200 Gm^3 environ. Comme c'est de loin la Fédération de Russie qui sera le pays contribuant le plus à l'apport de ces volumes, il est essentiel que l'Union européenne intervienne activement en facilitant la réalisation de ces investissements et en les encourageant.

La carte du réseau d'approvisionnement en gaz va donc s'étendre, tant à l'est que vers le sud et le sud-est, induisant une complexité du réseau à développer dans les prochaines années pour satisfaire la demande. La Russie, qui est notre principal fournisseur et entend le rester, s'affaire à construire des gazoducs et à en proposer de nouveaux.

Un projet en cours de construction, prioritaire aux yeux de l'UE, est le gazoduc nord-européen qui va partir de Vyborg dans le golfe de Finlande, situé à une soixantaine de kilomètres de Saint-Pétersbourg. Il plongera sous les eaux de la mer Baltique pour refaire surface en Allemagne, à proximité à la ville de Greifswald. La Finlande, la Suède et la Grande-Bretagne, ainsi que d'autres pays, pourront être approvisionnés par des embranchements à construire sur ce gazoduc. L'enclave russe de Kaliningrad (l'ancienne Prusse orientale) et d'autres régions russes seront également connectées. Sa longueur sera de 1 189 kilomètres et il devrait être opérationnel en 2010.

La Russie veut également acheminer du gaz dans le Sud de l'Europe. C'est la raison pour laquelle elle en livre déjà en Turquie par le gazoduc Blue Stream qui passe sous la mer Noire (entre Krasnodar et Samsun) depuis octobre 2002. C'est le résultat d'un accord stratégique conclu, en 1998, entre le groupe italien ENI et le géant russe Gazprom. Ces livraisons de gaz russe en Turquie en passant sous la mer Noire évitent les difficiles questions de transit dans les pays tiers, puisqu'il contourne le chemin par l'Ukraine, la Moldavie, la Roumanie et la Bulgarie qu'il fallait prendre auparavant. Selon les déclarations même de Vladimir Poutine, une fois sur la côte turque, la capacité du gazoduc pourrait être doublée[25] pour exporter du gaz russe vers Israël, le sud de l'Europe en général, et plus particulièrement vers le sud de l'Italie qui est actuellement uniquement alimenté par le gaz algérien (le nord de l'Italie étant alimenté par le gaz… russe). Ironie, le gazoduc Blue Stream a été conçu pour échapper aux pays de transit, et la Turquie devient à son tour pays de transit pour le sud de l'Europe. Des analystes soulignent l'importance de maintenir avec la Turquie de bonnes relations – y compris en les acceptant dans l'UE – précisément parce que la Turquie va devenir un centre de transit important du gaz naturel.

Un autre gazoduc en discussion est le transcaspien, un corridor énergétique est-ouest important pour l'UE. Les principaux pays gaziers d'Asie centrale sont situés à l'est de la mer Caspienne. L'UE, qui désire importer du gaz de ces pays, a imaginé un projet de corridor est-ouest pour le transporter au travers de cette mer afin d'arriver en Azerbaïdjan, évitant le transit par la Russie et se prolongeant dans le Caucase jusqu'en Turquie. Ce projet transcaspien, qui a été proposé officiellement aux autorités du Kazakhstan, transporterait du gaz de ce pays, de l'Ouzbékistan et du Turkménistan vers l'UE sans passer par la Russie. L'administration Bush supporte cette idée, en cohérence avec la stratégie étasunienne de promotion des corridors est-ouest.

---

[25] Il suffit de comprimer plus de gaz comme avec une pompe de vélo (loi de Boyle-Mariotte sur la compressibilité des gaz).

62. Ne va-t-on pas faire un plat de spaghetti avec tous ces gazoducs ?

Cet engouement de l'UE pour le gaz naturel et l'opportunité de rente à long terme que cela représente pour les pays fournisseurs est tel que l'on assiste à une éclosion de propositions de gazoducs. À force de proposer de nouvelles routes, des contournements, par le nord, par l'est et par le sud-est on risque d'arriver à une situation qui va en mettre plusieurs hors jeu.

Par exemple, le projet du gazoduc Nabucco actuellement en préparation fait partie des projets prioritaires du réseau transeuropéen énergie de l'Union européenne. Son lieu de départ n'est pas encore défini. Il pourrait partir de la frontière entre la Géorgie et la Turquie, ou entre l'Iran et la Turquie. D'autres fournisseurs de gaz pourraient être, grâce au couloir transcaspien, l'Azerbaïdjan, le Kazakhstan et le Turkménistan, qui veulent tous éviter le transit de leur gaz par la Russie. Visiblement, cette embouchure du Nabucco doit servir d'appât pour les pays fournisseurs qui voudront bien voir dans l'UE un consommateur fiable. Le gaz sera acheminé via la Turquie, la Bulgarie, la Roumanie et la Hongrie jusqu'en Autriche, au terminal gazier du centre européen de Baumgarten. Ensuite, les livraisons se prolongeraient vers les frontières germano-autrichienne et italo-autrichienne. Encore faut-il qu'il reste suffisamment de gaz, car il se peut que ce soit les pays des Balkans qui en absorbent la plus grosse part. La canalisation Nabucco devrait s'étirer sur 3 500 kilomètres.

Entre-temps, la Russie discute avec la Hongrie pour qu'elle s'oppose à la construction du Nabucco et semble avoir utilisé des arguments convaincants, car ce pays pourtant membre de l'UE est très perplexe sur la mise en œuvre du projet Nabucco.

Un autre tracé, baptisé Orient Express, prévoit le renforcement des liaisons et la construction de nouveaux gazoducs qui partiraient de la Turquie et traverseraient le nord de la Grèce avant de remonter par l'ouest des Balkans vers la Slovénie et l'Autriche. Ces nouvelles canalisations élargissent la base actuelle d'approvisionnement de l'UE et fourniront également un acheminement plus sûr que les livraisons qui empruntent l'itinéraire maritime actuel de la mer Noire.

Puis un nouveau gazoduc a été proposé par la Russie en collaboration avec l'Italie. Baptisé South Pipe, il devrait être l'équivalent du gazoduc européen du nord pour alimenter tout le sud de l'Europe en gaz russe. Il traverserait la mer Noire non pas dans la direction nord-sud comme le gazoduc Blue Stream (voir question n° 61), mais est-ouest. La grosse surprise est que ce projet est apparu sans que les experts de l'UE, qui s'occupent de ces réseaux, en aient été informés, signe s'il en fallait encore que la guerre des gazoducs est ouverte.

À présent, pour contourner à la fois la Russie, mais aussi la Turquie qui devient le hub du gaz (voir question n° 83), on ressort des tiroirs la vielle idée d'un gazoduc visant à exporter du gaz de la mer Caspienne au départ de Soupsa, en Géorgie et qui, en passant sous la mer Noire, referait surface dans l'UE. Il se nomme White Stream et n'est pas présenté comme une alternative au gazoduc Nabucco, mais un complément. Deux routes sont possibles. Soit Soupsa-Odessa-Pologne (650 kilomètres), mais avec le risque de retomber dans une dépendance de transit par l'Ukraine ; soit Soupsa-Constanta en Roumanie et éviter également l'Ukraine mais, avec 1 100 kilomètres, cette voie est nettement plus longue. Le gaz proviendrait soit du gisement de Shah Deniz (en Azerbaïdjan), soit sur une connexion à partir des riches gisements du Turkménistan à travers la mer Caspienne.

Tous ces gazoducs ne se réaliseront pas nécessairement. Il risque de rester des investissements infructueux si l'on n'y met pas un peu d'ordre. On a intérêt à bien maîtriser ce grand plat de spaghetti qui se prépare pour assouvir la faim en gaz de l'UE.

63. Peut-on compter sur le pétrole africain ?

L'Afrique subsaharienne est l'une des dernières grandes régions ouvertes à l'exploration par les compagnies pétrolières internationales. Mais les obstacles s'accumulent et menacent la production future dans une région qui est cruciale pour les approvisionnements mondiaux en hydrocarbures. Ces grandes compagnies ont de plus en plus de difficultés à exploiter le pétrole d'Afrique noire en raison des politiques souvent instables de la région ainsi que des difficultés contractuelles.

Les réserves pétrolières économiquement récupérables de l'Afrique subsaharienne représentent presque 5 % du total du monde et celles de gaz 3,6 %. Si l'on tient compte des pays de l'Afrique du nord, ces chiffres deviennent respectivement 9,7 % et 7,8 %. On comprend donc pourquoi les Américains et les Européens, mais de plus en plus également les Chinois, s'intéressent à ce continent. De plus, les pétroles africains, notamment ceux du Nigeria ou de la Libye, sont d'excellente qualité en raison de leur faible teneur en soufre et parce qu'ils permettent de produire plus d'essence que les autres bruts (on dit qu'ils sont « légers »).

Les producteurs africains (Nigeria, Angola, Algérie) expédient maintenant vers les USA environ 2,6 Mb/j tandis que les producteurs du golfe Persique ne leur envoient que 2,3 Mb/j. Pour l'Europe, ces chiffres deviennent respectivement 2,7 Mb/j et 3,2 Mb/j, démontrant que nous sommes plus dépendants du pétrole du Moyen-Orient que ne le sont les USA.

Pour satisfaire cette croissance de la demande en pétrole africain, toutes les grosses compagnies y investissent : Exxon, Total, Shell, ENI, Chevron, BP, Statoil… Mais elles sont soumises à des pressions difficilement supportables, les attaques sur le personnel, en particulier, sont très pénibles à gérer. Les enlèvements de personnes sont trop courants et les compagnies pensent à évacuer certaines zones car, dans le cadre de la nouvelle situation en matière d'éthique, elles ne sont plus prêtes à courir des risques à tout prix.

L'Angola, l'un des producteurs à la croissance la plus rapide sur le continent, a adhéré à l'organisation des pays exportateurs de pétrole en janvier 2007. Même si le gouvernement développe rapidement la production en mer, ce pays devra prochainement se soumettre à la règle des quotas de production, ce qui risque de pénaliser les investissements des entreprises étrangères.

64. Le Nigeria peut-il aider à alléger notre géopolitique de l'énergie ?

Le Nigeria, pays le plus peuplé d'Afrique, est le premier producteur de pétrole de ce continent. Il possède des réserves prouvées de 35,3 Gb, soit quelques 4 % de celles de l'OPEP, réserves en forte hausse depuis une quinzaine d'années. Son niveau de production fut en forte croissance durant la décennie qui a suivi l'émergence du pétrole dans ce pays, mais depuis il subit constamment des variations erratiques du fait de l'instabilité politique interne. Globalement, les pétroles africains sont de très bonne qualité mais, comparé à ceux-ci, celui du Nigeria est même supérieur, ce qui lui confère un très grand avantage : cette caractéristique en fait un brut particulièrement apprécié par les raffineries étasuniennes puisqu'il produit des volumes importants d'essence. Le Nigeria est le cinquième plus grand fournisseur des USA.

Les pays européens ne sont pas de gros clients de ce produit de haute qualité, puisque notre parc automobile est de plus en plus diéselisé. Le plus grand importateur européen est la France, mais elle ne compte que pour 5 % des exportations du Nigeria. L'autre grande zone d'importation de ce pétrole nigérian est la zone Asie et Pacifique, elle aussi en croissance continue depuis 1990. Il n'est pas exagéré de dire que le Nigeria est bien un pays sous dominance non européenne.

Certains analystes laissent entendre que les USA exercent une certaine pression sur le Nigeria afin qu'il quitte l'OPEP, provoquant ainsi – sinon l'éclatement – l'ébranlement du cartel. Au-delà des pressions d'ordre géopolitique, ce serait plutôt des motifs économiques qui pourraient amener le Nigeria à suivre le chemin du Gabon qui démissionna de l'OPEP en 1996. En fait, l'essentiel de la production s'effectue dans le cadre d'une joint-venture avec la Nigerian National Petroleum Company (NNPC) qui se trouve actuellement dans l'incapacité de rembourser les investissements étrangers. Les compagnies internationales devraient se rembourser en pétrole, mais la limitation des quotas de l'OPEP ne leur permet pas un prélèvement suffisant. De ce fait, le Nigeria plaide pour une augmentation de son quota au sein de l'OPEP en invoquant l'augmentation rapide de ses capacités de production.

Ce pays souffre régulièrement d'agitations et continue de stagner dans la pauvreté. Il se classe parmi les plus pauvres de la planète avec un revenu d'un dollar par jour par habitant. Cette pauvreté est exacerbée et est entretenue par une situation de violence endémique qui caractérise le pays, situation qui l'a porté à la une de l'actualité pendant longtemps. Cette violence n'est pas sans répercussion sur les prix du brut. En quatre décennies d'indépendance, le pays a connu plus de 28 ans de régime militaire, des dizaines de coups d'État et l'assassinat de deux chefs de gouvernement, une exacerbation des tensions religieuses entre chrétiens et musulmans et des luttes entre adversaires politiques peu orthodoxes, sans parler des luttes tribales. Enlèvements, détournements de brut et sabotages ont toujours été l'apanage depuis le début de l'exploitation pétrolière dans ce pays. Les compagnies pétrolières estiment que les tensions et le mécontentement trouvent leur source dans l'indigence des habitants de la région, qui se sentent injustement privés de leur part des richesses extraites de leur sol. La maladie hollandaise (voir question n° 50) a frappé ici aussi puisque, ébloui par le mirage pétrolier, le pays délaisse l'agriculture et la pêche depuis plus de trente ans, entraînant ainsi la population du Nigeria dans une situation intenable avec une espérance de vie moyenne de seulement 48 ans.

Avec ses 5 100 Gm³ de réserves, le Nigeria possède 2,8 % des réserves mondiales de gaz, ce qui fait de lui le sixième pays au monde pour cet hydrocarbure. Il possède même les plus grandes réserves de l'Afrique puisqu'il a dépassé l'Algérie qui en possède 4 532 Gm³. La progression des découvertes de réserves a été particulièrement remarquable ces dernières années. Avec son potentiel, ce pays pourrait à lui seul satisfaire les besoins énergétiques de toute l'Afrique de l'Ouest. La majorité du pétrole nigérian provient de réservoirs contenant du gaz associé (voir question n° 56). En raison d'un manque patent d'infrastructures, le Nigeria n'est pas en mesure de valoriser ces importantes quantités de gaz associé ; seuls 12 % de celui-ci sont réinjectés pour améliorer le taux de récupération du gisement, le reste étant malheureusement brûlé en torchère dans une centaine de sites. Certaines torchères brûlent sans interruption depuis quarante ans.

Le projet de gazoduc NIGAL devrait relier les principaux gisements de gaz subsahariens, notamment nigérians, à ceux de l'Algérie, d'où pourraient partir les exportations du gaz nigérian vers les consommateurs européens. À ce jour, le projet est resté au stade des intentions. Cette canalisation d'environ 4 000 kilomètres passerait par le Niger et coûterait de l'ordre de 5 milliards de dollars. S'il aboutit, on parviendra à commercialiser en Europe le gaz associé qui est pour l'instant brûlé en torchère, depuis le Cameroun jusqu'en Angola. En attendant, le Nigeria continue de brûler des volumes énormes de gaz, une solution aux antipodes du développement durable.

Les besoins des pays voisins pour la production d'électricité poussent à l'utilisation du gaz nigérian qui pourrait être transporté par une canalisation appelée « gazoduc ouest-africain ». Long de 680 kilomètres, ce gazoduc traverserait et fournirait en gaz naturel le Bénin, le Togo et le Ghana, pays dans lesquels, comme souvent en Afrique, l'électricité est produite dans des centrales polluantes brûlant du pétrole. Ces pays sont trop pauvres pour pouvoir se permettre de produire de l'électricité avec des énergies autres que le fuel lourd. Ils produisent leur électricité avec l'installation qui leur coûte le moins cher en investissements, mais qui est très onéreuse en combustibles. Ils ne maîtrisent pas la filière gazière et, évidemment, ils n'ont pas les moyens de se doter d'une centrale nucléaire. Il y a là une voie à exploiter si l'on voulait faire de la coopération dans le domaine de l'énergie.

65. Qu'en est-il des hydrocarbures de la Libye ?

Mouammar Kadhafi, président de la Libye, a été l'un des artisans les plus farouches de la stratégie de hausse du prix du pétrole lors du premier choc pétrolier. Le jeune colonel a nationalisé l'industrie pétrolière et créé la National Oil Corporation. Dans sa lancée, la Libye est impliquée dans deux horribles attentats aériens. Les sanctions tombent immédiatement et les compagnies occidentales sont invitées à respecter l'embargo voulu par le président des États-Unis, Ronald Reagan, de sorte qu'en 1986 elles avaient toutes quitté la Libye.

On peut imaginer que Kadhafi s'est rendu compte que sa stratégie n'aura servi ni au développement économique du pays, ni au bien-être de sa population. C'est en 2003 qu'il amorce un tournant décisif en reconnaissant officiellement l'implication de son pays dans les attentats précités, accepte d'indemniser les familles des victimes et renonce aux armes de destruction massive. Tripoli rouvre aussi ses portes aux sociétés pétrolières, geste salué par le président Bush qui déclare que la Libye a « rejoint la communauté des nations ». Cette volte-face complète permet au colonel d'être reçu avec les honneurs par la Commission européenne à Bruxelles le 27 avril 2004, où son président exprime le désir européen de voir la Libye intégrée dans le processus de Barcelone le plus rapidement possible. Notons au passage que, ce qu'il a donné d'une main, il s'arrange pour le récupérer comme monnaie d'échange pour les cinq infirmières bulgares qui ont été condamnées à mort pour avoir – selon Tripoli – inoculé le virus du Sida à des enfants.

En peu de temps, plusieurs événements significatifs indiquent l'accélération de cette ouverture qui débute par le retour en Libye de petites compagnies pétrolières. Puis l'annonce du retour de BP en mai 2007 signale le retour des majors au pays. Ensuite, en juin 2007, on apprend la vente de la majorité des parts de Tamol[26], compagnie libyenne de distribution de carburant. Et, toujours en juin 2007, le nouveau secrétaire général de l'OPEP, le Libyen Abdalla el-Badri, a déclaré que

---

[26] Tamol est le sponsor de la Juventus, l'équipe de football de Turin.

l'organisation devra sans doute attirer des investissements étrangers pour faire face à la demande croissante de pétrole, reconnaissant *de facto* que l'éviction des majors pour laisser libre cours aux entreprises nationales n'a pas été à la hauteur des défis du développement pétrolier. Assistons-nous à une tentative d'ouverture des *portes du paradis* ? Je pense qu'elle est inéluctable. Depuis la fermeture des portes libyennes, la technologie pétrolière a fait des pas de géants – ce qui se met en place aujourd'hui pour l'exploitation en mer de Barents, aucun expert n'aurait osé le rêver – alors que les pays qui se sont refermés sur eux-mêmes en sont encore à des technologies anciennes.

Dans la foulée de la libération des infirmières bulgares, Nicolas Sarkozy s'est précipité à Tripoli pour signer un accord au sujet d'une centrale nucléaire en Libye ; cela a fait bondir les Allemands qui n'aiment pas le nucléaire, mais peut-être également pour d'autres raisons moins avouables. Pareille centrale « *n'est pas essentielle pour la Libye* », selon Saïf Al-Islam Kadhafi, le fils du Colonel.

Contrairement à l'Iran, Tripoli ne commet pas l'erreur de dire qu'ils ont besoin de l'énergie nucléaire pour leur approvisionnement énergétique. Il avoue : « *Nous avons des hydrocarbures... La décision de se doter d'une centrale nucléaire nous permettrait d'exporter de l'électricité vers l'Italie notamment* », pays passé maître dans l'application du principe NIMBY[27] mais qui, comme les autres, consomme toujours plus d'électricité.

Ne nous leurrons pas : l'inexorable croissance démographique mondiale entraînera mathématiquement une consommation continue de pétrole pendant longtemps encore et ce, malgré tous nos efforts, aussi louables soient-ils, pour en limiter la demande. Les majors ont repris la course à l'appropriation des réserves. Les seuls pays pénalisés seront ceux qui « restent fermés ». La Libye semble l'avoir compris... alors que

---

[27] NIMBY, acronyme pour l'expression anglaise « *not in my back yard* », « pas dans mon jardin », « pas près de chez moi ». C'est le symptôme de la société moderne où le droit de l'individu prime sur le bien de la collectivité ; l'individu refusant tout désagrément personnel exige toujours plus de droits personnels. Pas de centrale électrique près de chez moi, mais gare si je ne peux pas avoir le confort de la climatisation. Notre civilisation est passée maître dans ce jeu non démocratique, mais mes compatriotes italiens en sont les champions tellement ils abhorrent tout ce qui est décidé par un pouvoir central quel qu'il soit, mais aussi parce qu'ils sont prêts à suivre n'importe quel populiste qui va leur faire croire que les entreprises, le gouvernement et les politiciens leur mentent et ne leur veulent que du mal. Ceci est bien connu depuis longtemps, mais est pour l'instant porté au paroxysme par un humoriste, Peppe Grillo, qui pollue toute décision sensée.

le Venezuela fait l'inverse en chassant les majors. Dans 20 ans, nous pourrons en mesurer les conséquences, tandis que le pétrole aura continué de jaillir en abondance des puits des pays qui ouvrent les *portes du paradis*.

66. Pourquoi, contrairement à la Libye, le Venezuela se referme ?

Le Venezuela est important pour le marché mondial de l'énergie parce qu'il détient des réserves prouvées de brut conventionnel d'environ 78 milliards de barils ; de plus, il détient 100 milliards de barils de pétrole lourd et plus de 250 milliards de barils de brut extra-lourd. Pourtant, il produit moins de brut qu'avant les chocs pétroliers ! Son insistance à créer l'OPEP ne lui a pas été favorable du point de vue économique, démontrant une fois de plus que ce n'est pas l'appartenance à un cartel, ou bien la possession de ressources naturelles, qui assure la prospérité…

Les relations difficiles du Venezuela avec les USA sont au centre de l'intérêt géopolitique dans cette région, alors que ce pays producteur de pétrole est pourtant l'un de leurs gros fournisseurs, vue sa proximité géographique. Ce sont 1,5 Mb/j qui voguent du Venezuela vers les USA et cela représente 11 % des importations de pétrole étasuniennes. Malgré le fait que deux tiers des exportations vénézuéliennes de pétrole sont destinées au voisin du nord, les relations avec le président Hugo Chávez – chantre de la révolution bolivarienne – sont tendues depuis quelques années, comme le démontrent les multiples prises de positions parfois extravagantes contre le voisin du nord et particulièrement son président. Il va même jusqu'à proposer, lors de son discours à l'occasion de l'assemblée générale de l'ONU le 20 septembre 2006, de déplacer le siège de l'organisation au Venezuela et s'en prend avec une violence sans précédent au « diable Bush ».

En fait, le Venezuela – ou plutôt son président – estime que son pétrole permet de tenter la voie vénézuélienne vers le socialisme. Il se fait le héraut de ces nouveaux dirigeants latino-américains qui ont utilisé un mélange de nationalisme ethnique, une volonté d'indépendance économique, un discours antilibéral, pour enfin offrir aux pauvres leur revanche sur le capitalisme. Son rôle croissant dans la géopolitique de l'énergie permet à Hugo Chávez de ne pas hésiter à apporter son soutien au programme nucléaire iranien et à remonter l'OPEP. Le président Chávez mène une politique originale, mais risquée en matière d'utilisation des richesses générées par le pétrole. Il aime se montrer en compagnie de personnages politiques que d'autres ne veulent absolument pas rencontrer et il semble prêt à tout pour développer avec détermination sa stratégie.

Ainsi, les sociétés européennes et américaines ont été soumises à un dictat de révision des clauses contractuelles de leurs accords de production de pétrole. Les compagnies européennes ont obtempéré, mais pas toutes les compagnies américaines.

Ce genre de stratégie n'a pas historiquement démontré son efficacité. Après un maximum de 3,5 Mb/j produits en 1998, sa production diminue et se situait en 2007 à seulement 2,6 Mb/j, soit une diminution de plus d'un quart alors, qu'entre-temps, la production mondiale a augmenté de 11 %.

La solution d'avenir est, rappelons-le, l'*ouverture des portes du paradis* pétrolier et gazier et non pas sa fermeture comme le pratique actuellement le Venezuela.

67. Est-ce qu'on doit craindre pour notre dépendance énergétique de la Russie ?

L'ancien ministre des Affaires étrangères russe, Alexandre Gortchakov, lors de la défaite de la Fédération de Russie, après la guerre de Crimée (1853-1856) pour le contrôle de Jérusalem, déclarait : « *La Russie ne boude pas, mais se recueille* ». On peut appliquer cette phrase de nos jours où la Russie sort également humiliée d'une défaite sans précédent avec l'effondrement du régime soviétique.

Après l'effondrement de l'empire soviétique, qualifié de « *la plus grande catastrophe géopolitique du XXe siècle* », suivi du chaos de l'époque de Boris Eltsine, Vladimir Poutine a permis que son pays redevienne « grand », et sans doute plus puissant que l'ex-URSS. Il peut, pour reprendre le langage de certains, prétendre rester un contrepoids aux tentatives hégémoniques des USA. Grâce à ses réserves en énergie gigantesques, ainsi que d'autres matières premières en aussi grandes quantités, la Russie est paradoxalement plus à craindre aujourd'hui – avec l'arme de l'énergie – que lors de l'époque soviétique avec la Guerre Froide. Pour le Kremlin, l'énergie est devenue une arme de dissuasion plus puissante que l'arme nucléaire ; une arme puissante qui rapporte beaucoup… Elle lui permet de retrouver ses réflexes impériaux. Moscou n'a plus besoin de quémander au FMI car, grâce à ses revenus plantureux issus des ventes de l'énergie, la Fédération a pu payer toutes ses dettes. Lorsque Vladimir Poutine est arrivé au pouvoir, les réserves en devises étaient de 8,5 milliards de dollars. En 2007, elles étaient de 407,5 milliards de dollars. Son taux de croissance moyen sur les cinq dernières années a été bien envié avec 8 % par an.

Divers événements récents montrent que l'énergie « chrétienne » est une ressource puissante, que la Russie sait utiliser :

- L'interruption des fournitures de gaz naturel à l'Ukraine, le 1er janvier 2006 ; pour un différent sur le prix de vente de ce gaz a fait trembler l'UE et en particulier l'Italie, non pas de froid, mais de peur. Pourtant, la Russie avait bien raison de ne plus vendre à un

prix ridiculement bas son or bleu à un pays, certes ancien allié, mais aujourd'hui bel et bien distinct.
- À plusieurs reprises, la Biélorussie a subi le même sort car ce pays largement insolvable n'est pas capable d'honorer ses dettes pour les fournitures de pétrole et de gaz russe.
- Le chantage économique sur le groupe Shell qui a dû céder sa part majoritaire dans le projet géant de Sakhaline II.
- Les manœuvres auprès de certains États membres de l'UE pour faire capoter le projet Nabucco, qui devrait amener le gaz de l'Asie centrale tout en contournant le territoire de la Russie (voir question n° 61).
- Les déboires de BP dans son entreprise russe BP-TNK, où des dirigeants non russes se sont vus retirer des visas pour ne plus être en mesure de travailler en Russie.

La liste est longue et décourageante. Ceci démontre le côté asservisseur de la Russie, mais on ne peut aller jusqu'à parler de belligérance. En fait, comme n'importe quelle autre grande nation dans le monde, cette nouvelle superpuissance énergétique défend ses intérêts, étend sa sphère d'influence et rend la vie de ses compétiteurs plus difficile. Moscou fait savoir qu'il compte de nouveau dans les grandes décisions. C'est l'UE qui est la plus sensible, car son lien énergétique avec ce pays est particulier.

Mais si nous avons besoin de ses hydrocarbures pour de nombreuses années, la Russie a besoin d'un client fiable, honnête et bon payeur comme nous. Comme pour le tango, dans la sécurité d'approvisionnement énergétique, il faut être deux, bien liés l'un à l'autre et parfaitement coordonnés. Moscou sait très bien qu'un non-respect des conditions de fournitures d'énergie aux États membres de l'UE va le discréditer pour longtemps, non seulement au sein de l'UE, mais aussi – et surtout – auprès des autres clients potentiels, et notamment de la Chine. Peut-on penser que Pékin fera confiance à Moscou si celle-ci ne se démontre pas sérieuse dans ses fournitures énergétiques à « Bruxelles » ? Nos relations doivent donc être basées sur un authentique partenariat d'égal à égal. Il ne peut y avoir libre échange sans la confiance mutuelle.

L'UE doit toutefois exiger que cesse la tactique du *divide et impera* ; c'est ce que la Commission plaide en demandant à l'Union de « parler d'une seule voix » mais il faut dire que, pour l'instant, les États membres préfèrent faire confiance à eux-mêmes plutôt qu'à « Bruxelles ». Pour que cela devienne une réalité, il faut conclure un accord de partenariat et de coopération entre nos deux entités, avec en particulier le volet du dialogue énergétique. Cela va impliquer que la réciprocité soit reconnue comme un principe incontournable et dans les deux sens ; il faudra bien finir par permettre aux entreprises russes d'investir dans l'UE et aux entreprises européennes de pouvoir exploiter des gisements pétroliers et gaziers russes. On ne peut tolérer que la Russie *ferme les portes du paradis* comme le font les pays de l'OPEP… (voir question n° 40).

Hypothèse d'école : qu'arriverait-il à l'économie russe si le prix du pétrole devrait refluer à son niveau d'il y a à peine quelques années ? Ces prix élevés ne sont pas garantis et il se pourrait que la situation, sans se dégrader complètement, puisse quand même être plus difficile pour l'économie russe. Cette manne énergétique limite le développement de l'industrie manufacturière (on ne trouve pas de produits russes dans nos magasins, contrairement aux produits chinois si abondants). Le peu de transparence qui existe dans le pays empêche les investissements étrangers d'y affluer. Le danger pour la Russie n'est donc pas que l'UE ne lui achète pas son énergie, mais les risques pour ce nouvel empire sont ceux de l'intérieur. Continuer à diriger ce vaste pays si grand historiquement, si déterminant géopolitiquement et si important énergétiquement avec des méthodes que nous refusons au sein de l'OCDE est le principal danger pour ce pays.

68. Par où exporter le pétrole russe ?

Grâce à son vaste territoire, la Russie possède à l'évidence plus de ressources naturelles que les autres ; c'est le cas pour l'énergie. Mais cela est également un inconvénient car, du fait de sa taille, le pays souffre d'un handicap pour atteindre les pays voisins. Qui plus est, tout le nord de ce vaste pays est bordé par une mer polaire bloquée une très grande partie de l'année et, au sud sa longue frontière avec la Chine est également une entrave.

De plus, pour atteindre de « bons clients » comme l'UE il faut traverser l'Ukraine ou la Biélorussie (Bélarus), même si à présent grâce aux pays Baltes une frontière commune existe avec l'UE. En conséquence, la Russie doit développer des nouvelles routes d'exportations qui toutes présentent malheureusement des inconvénients.

Pour l'instant la Russie dispose de trois principales routes d'exportation pour son pétrole : un oléoduc « Baltic Pipeline System » vers Primorsk sur la mer Baltique ; un oléoduc vers la mer Noire, mais avec l'inconvénient de devoir passer par les goulets d'étranglement que sont le Bosphore et les Dardanelles ; et l'oléoduc Druzhba vers l'Europe centrale (c'est ce dernier qui a été coupé très peu de temps par la Biélorussie en 2007).

En ce qui concerne les nouveaux projets, quatre possibilités sont envisagées, dont chacune présente des avantages et des inconvénients :

- Au départ de Mourmansk – un port russe profond et subarctique – par supertanker, le pétrole russe au travers d'eaux non gelées toute l'année (contrairement au détroit de Béring) améliorera la sécurité d'approvisionnement de l'Europe, mais également des USA. Le pétrole proviendrait de Timan-Pechora (province du Nord-Est de la Russie) et serait transporté jusqu'au port par un oléoduc Iaroslav-Mourmansk.

- La modernisation de l'oléoduc vers la Croatie : le projet de bifurcation de l'oléoduc Druzhba (ou Droujba, qui signifie « amitié ») vers la Croatie prévoit la reconstruction d'un oléoduc qui est le principal conduit d'acheminement du pétrole russe vers l'ouest. La prolongation de l'oléoduc Druzhba vers le sud, au travers de la Hongrie, vers la mer Adriatique est à l'étude. À l'origine, cet itinéraire avait été étudié pour une alimentation en sens inverse, à savoir apporter du pétrole du Moyen-Orient vers la Hongrie ; c'est la raison pour laquelle on parle de « projet Adriatique inversé ».

- Par oléoduc vers le Japon et la Chine : la Russie a besoin de débouchés pour son pétrole enclavé en Sibérie. Or la Chine et le Japon voisins sont des pays dont les besoins en pétrole sont considérables et qui doivent de toute urgence générer des sources et des voies d'acheminement nouvelles ; il en va de même pour la Corée du Sud. On comprend le mariage de raison entre ces pays géopolitiquement importants. Les Russes ont longtemps hésité entre la construction d'un oléoduc au départ de la Sibérie vers le Japon ou vers la Chine, avec un tronc commun jusqu'à Skovorodino. Finalement, c'est la construction d'un oléoduc vers le Pacifique pour alimenter le Japon qui a été choisi au détriment des Chinois… pour l'instant.

- Au départ de l'île de Sakhaline située au nord de la mer du Japon et séparée de la Russie par le détroit de Tatar : ici aussi, c'est un projet qui intéresse le Japon (voir question n° 59). Dans les années 1980, on y a découvert des réserves importantes de pétrole et de gaz et deux projets indépendants ont été lancés ; les réserves de brut sont équivalentes à plus d'une année d'exportations de pétrole brut de toute la Russie, tandis que celles de gaz représentent presque cinq années des exportations russes de gaz vers l'Europe, ou assez pour satisfaire la demande mondiale actuelle de GNL pendant quatre ans.

69. L'Ukraine et la Biélorussie sont-ils si importants que cela ?

La question de l'exportation du gaz russe est un peu plus compliquée que pour le pétrole, car la pose de tuyauterie est déterminante pour cette énergie, même si la Russie peut espérer exporter une partie de son gaz de Sakhalin sous forme de GNL. Ce grand pays va devoir contourner des pays de transit ou bien trouver des accords avec ceux-ci. La Russie a commencé à exporter son gaz vers l'UE par un réseau de gazoducs qui aboutissent à Uzhgorod, à la frontière entre l'Ukraine et la Slovaquie. Mais, pour faire face à la demande croissante de ses voisins, des nouvelles routes ont été construites ou proposées (voir question n° 61).

Mais, en attendant de construire ce grand spaghetti – et même après – l'Ukraine ou la Biélorussie resteront un passage obligé. Comme première stratégie, Moscou tente de s'approprier une forme de contrôle du réseau de gaz naturel dans ces pays ; comme les anciens satellites de l'Union soviétique n'entendent pas trop dépendre du « grand frère russe », les tensions sur ces questions se font sensibles, variées et répétitives.

L'Ukraine, qui est presque le passage obligé pour l'exportation du gaz russe, est le plus grand pays de transit pour son acheminement vers l'Europe occidentale. En 2006, 84 % des exportations de gaz russe ont traversé le territoire ukrainien ainsi que 14 % des exportations de pétrole vers l'Europe. Le transit d'énergie en Ukraine est une activité économique importante, mais ce réseau de transit est obsolète et aurait besoin d'être modernisé sans plus attendre, nécessitant des investissements de l'ordre de 2 milliards de dollars. L'Ukraine est également importante pour l'UE, car le pays dispose aussi de la deuxième capacité de stockage de gaz naturel en Europe après la Russie.

En compensation, mais aussi parce que l'Ukraine faisait partie de la famille soviétique, la Russie vendait jusqu'en 2005 son gaz à l'Ukraine non pas à 140 $/1 000 m³ comme aux pays de l'UE, mais à seulement 54 $/1 000 m³. Puisqu'il n'y avait plus aucune raison de poursuivre ces livraisons à prix cadeau, la Russie a exigé – après la révolution orange qui a vu diminuer son influence sur Kiev – que l'Ukraine paye un prix « international » pour son gaz. Mais cette tendance n'est pas limitée à l'Ukraine, car elle s'étend à de nombreux pays de l'ex-Union soviétique comme la Moldavie, la Géorgie, et la Biélorussie. En contrepartie, Kiev a exigé de réviser à la hausse les frais de transit du gaz russe en Ukraine. Faute de solution, le 1er janvier 2006, on a constaté une chute de pression dans la tuyauterie amenant le gaz russe dans l'UE, signe concret du différent entre les deux pays. Après quelque temps de négociation et une panique au sein de l'UE, un accord de compromis est trouvé : le gaz sera fourni à l'Ukraine par un obscur intermédiaire, RosUkrEnergo, qui va s'approvisionner en gaz en Asie centrale (Kazakhstan et Turkménistan) pour le prix de 50 \$/1 000 m³, le mélanger à du gaz russe vendu au prix demandé par Gazprom, 230 \$/1 000 m³, et qui vendra le mélange à l'Ukraine au prix de 95 \$/1 000 m³. Gazprom prélèvera un prix de 1,60 \$ par 100 kilomètres parcourus pour une quantité de 1 000 m³ pour le transit en Russie du gaz kazakh ou turkmène. Quant au prix du transit en Ukraine du gaz à destination de l'UE, il a été fixé à 1,65 \$/100 km/1 000 m³, soit un montant approximatif de 200 millions de dollars alors que cette somme était de 130 millions en 2005.

Cet accord d'une durée de 5 ans permet aux deux protagonistes de sauver la face, mais sans que l'on sache qui est le gagnant de ce conflit. L'Ukraine n'achète pas son gaz au prix demandé par Gazprom, mais ce dernier vend son gaz à l'Ukraine au prix demandé, les vrais bénéficiaires étant les républiques d'Asie centrale, qui vendront plus de gaz, et deux hommes d'affaires, propriétaires, inconnus à l'époque, de RosUkrEnergo.

70. Que se passe-t-il autour de la mer Caspienne ?

Il s'y déroule « le grand jeu », comme l'avait déjà compris Kipling en écrivant son chef-d'œuvre *Kim*. Nous assistons sous nos yeux à une vaste partie de géopolitique dans une région enclavée et qui le resterait si elle n'était pas riche d'hydrocarbures. À l'instar de la Russie du Tzar et de la Couronne britannique au cours du XIXe siècle qui voulaient chacun s'approprier ces territoires pour qu'ils servent de tampon par rapport aux leurs (l'Inde pour le Royaume Uni ; voir question n° 54), aujourd'hui les pays dépendants des hydrocarbures désirent si non s'approprier ces territoires, du moins participer au partage des ressources énergétiques. La diplomatie est en pleine action pour atteindre ce but.

Mais il convient d'abord de se demander si l'expression « mer Caspienne » est correcte. Puisqu'il s'agit d'une mer fermée, ne serait-il pas plus correct de parler de « lac Caspien ». Assurément, répondent en cœur Russie et Iran qui bordent la plus grande étendue d'eau fermée au monde ; pas du tout, répliquent les autres pays du littoral, Azerbaïdjan, Kazakhstan et Turkménistan. La question n'est pas sémantique, mais économique car, si c'est un lac, sa division se fera comme celle d'une tarte accordant ainsi à la Russie et à l'Iran une grande partie du gâteau de l'énergie contenue sous l'eau. Si c'est une mer, selon la règle internationale des eaux territoriales, Azerbaïdjan, Kazakhstan et Turkménistan auront une plus grande partie des réserves. Lors de la réunion du 16 octobre 2007 des chefs d'États des pays riverains, aucun progrès sur cette dispute n'a été enregistré. L'Iran et la Russie, disposant de réserves déjà en abondances et encore inexploitées, ne sont pas prêts à trouver un compromis et, au contraire, retardent l'émergence d'une solution négociée.

Car cette mer, ou ce lac, recèle des richesses en hydrocarbures importantes même si, pour l'instant, on n'estime pas que cela soit l'équivalent du Moyen-Orient, et si la qualité des données dans cette zone laisse à désirer.

En tout état de cause, les grandes compagnies internationales se sont toutes précipitées dans cette région entre le Caucase et l'Asie centrale pour participer à ce qui semblait être la dernière course vers l'eldorado. Nous ne citerons que quelques noms qui vont se faire de plus en plus présents dans les médias, tant ces gisements sont intéressants : champ de Azeri-Chirag-Guneshli (ACG) en eaux profondes dans le secteur de l'Azerbaïdjan ; site de Kashagan au Kazakhstan, un gisement dont les réserves sont constamment revues à la hausse. On parle de 35 milliards de barils.

L'UE a besoin, en particulier, du gaz naturel de cette région pour ne pas trop dépendre du gaz russe, mais malheureusement les réserves importantes se trouvent du côté oriental de la mer Caspienne. En conséquence, si l'on veut acheminer de l'or bleu vers l'UE, il faut commencer par construire un gazoduc transcaspien (voir question n° 61) pour amener du gaz turkmène ou kazakh vers l'ouest et arriver ensuite en Turquie, qui va devenir le hub du gaz (voir question n° 83). Lors de la rencontre d'octobre 2007 susmentionnée, la Russie s'est empressée de déclarer que des conduites traversant la mer Caspienne ne peuvent être construites qu'avec l'accord des cinq pays riverains, désavouant ainsi la construction du gazoduc transcaspien, du moins tant que la question de la division de la mer Caspienne n'est pas résolue.

Nous verrons également qu'il faut trouver des solutions pour le pétrole si l'on entend l'évacuer de cette zone enclavée (voir question n° 84).

Ainsi, alors que du temps de l'Union soviétique cette région faisait l'objet de peu d'attention (malgré que Bakou ait été un centre de production de brut dès l'époque héroïque de l'épopée du pétrole), la mer Caspienne est devenue, en moins de deux décennies, l'objet d'un jeu hégémonique à la fois régional et mondial. Les solutions pour la production et l'acheminement des hydrocarbures de la mer Caspienne ne sont pas uniquement techniques ou politiques. Les rapports entre les cinq États d'Asie centrale et la Russie dépendront de la route que prendront les hydrocarbures, ainsi que du rôle que joueront, dans la région, la Chine, les USA et l'Union Européenne.

Le pétrole de cette région est recherché moins pour des raisons économiques que comme arme fort efficace dans un jeu hégémonique à la fois régional et mondial. Il sert à la diversification – réelle ou potentielle – des approvisionnements énergétiques mondiaux.

À noter que ces pays et ces itinéraires sont tous plus ou moins menacés par l'évolution du fondamentalisme islamique, très présent dans la région.

71. Pourquoi le Moyen-Orient reste-t-il incontournable ?

Grâce à ses impressionnantes réserves, la région du Golfe Persique est, depuis plus d'un demi-siècle, le cœur du monde de l'énergie. L'évolution sans cesse croissante de son poids énergétique – et encore pour des décennies à venir – a consacré le rôle presque hégémonique du Moyen-Orient dans le monde du pétrole. Ce rôle se maintient nonobstant l'émergence de la Russie et des pays de la mer Caspienne, et malgré la hausse prometteuse de l'Amérique du Sud et de l'Afrique. Bien loin de toute inversion de tendance, leur prédominance va se conforter encore plus du fait de l'émergence de ces pays en tant que fournisseurs de gaz naturel.

Au sein de *l'Orient compliqué*, les réserves prouvées de pétrole et de gaz naturel sont concentrées dans cinq pays : l'Arabie Saoudite, l'Irak, les Émirats Arabes Unis (EAU), le Koweït et l'Iran. Ils sont tous situés sur le Golfe persique, avec une place plus importante pour l'Arabie Saoudite. C'est dans ces pays que les ressources pétrolières sont également les plus accessibles. Non seulement les réserves de brut de cette zone représentent 62 % de celles mondiales mais, en plus, elles ont le coût de production le plus bas, atteignant parfois 2 $/b. On voit la marge qu'il y a par rapport au prix du marché de 120 $/b au moment où j'écris ces lignes. De plus, le gaz du Moyen-Orient représente 40 % des réserves mondiales. Mais ce chiffre est sans doute par défaut, puisque la prospection dans ce domaine est relativement récente et que, pendant longtemps, ces pays ont semblé négliger cette source d'énergie moderne. C'est pourquoi la région du Golfe persique reste le cœur pétrolier du monde et va devenir celui du gaz.

Les alternatives au pétrole du Moyen-Orient apparaissent limitées. On découvre de nouvelles réserves de pétrole conventionnel en Afrique, au Brésil et dans certains pays de l'ex-U.R.S.S. Mais cela est vrai également pour le Moyen-Orient, ce qui rend ce dernier encore plus incontournable. C'est donc essentiellement cette région qui devrait répondre à la hausse de la demande mondiale, notamment après 2010 et de ce fait doubler sa production totale pour 2020.

La difficulté majeure à laquelle se heurtent actuellement les pays du Moyen-Orient est leur fermeture aux compagnies occidentales, ce qui les empêche de fournir les quantités de pétrole nécessaires car leurs investissements restent faibles. Ils ne sont pas en mesure de le faire avec efficacité et de préparer le développement de leur production. De 1996 à 2004, seulement 2 % des investissements dans l'exploration pétrolière ont été réalisés au Moyen-Orient. C'est pourquoi ces pays arabes et l'Iran ont une responsabilité géopolitique de premier plan, car c'est à eux que revient la décision de rendre accessibles leurs pays, en permettant l'exploration, puis l'exploitation de leurs ressources. *Ouvrir les portes du Paradis* doit être l'évolution souhaitable des pays du Moyen-Orient pour une stratégie gagnant-gagnant. L'État de droit, la libre entreprise et la transparence devraient s'implanter dans l'ensemble de ces pays afin que le marché pétrolier soit moins soumis aux aléas consécutifs à la faible marge de production qui caractérise la période actuelle. Peut-être craignent-ils qu'une politique trop vigoureuse d'expansion de leur capacité de production se retourne contre eux en provoquant une chute de prix avec un risque de surcapacité ? Ils auraient sans doute raison, comme l'a montré le contre-choc pétrolier du début des années 1980[28]. Mais, entre cette solution risquée et la situation peu transparente actuelle de fermeture qui induit une flexibilité minimale au marché, il doit bien exister une position équilibrée qui profite à toutes les parties.

Si l'on ajoute à cela l'émergence du marché du gaz, on se rend compte que l'ouverture des portes de ces pays est encore plus indispensable. Gérer la filière gazière est bien plus compliqué que d'exploiter le pétrole qui a été trouvé il y a des décennies par des compagnies occidentales. Les pays du Moyen-Orient ne disposent pas de la maîtrise nécessaire à cette mise en exploitation. Même les compagnies de services (voir question n° 51) ne disposent pas du savoir-faire nécessaire pour mener des projets de production gazière comme ceux qui pourraient se développer dans le Moyen-Orient. Il faudra donc bien qu'un jour ces pays ouvrent aux compagnies qu'elles ont chassées dans les années 1970. Le plus tôt sera le mieux pour tous car cette région restera incontournable en matière d'énergie. Nous devons comprendre qu'ils ne peuvent pas tout simplement admettre qu'ils se sont trompés depuis 1970. Il conviendrait que nous les accompagnions dans leurs réflexions, dans

---

[28] Voir le « fantôme de Jakarta », dans la question n° 39.

leur transformation progressive en pays ouverts avec des règles telles que celles en vigueur dans les pays de l'OCDE. On ne peut toutefois ignorer la place que l'Islam détient dans les choix de ces pays. L'insistance de Vladimir Poutine sur le caractère « chrétien » de son énergie souligne bien que la géopolitique de l'énergie possède une forte composante religieuse.

C'est pour cela que la géopolitique de l'énergie est incontournable…

72. Quel rôle joue l'Iran dans le jeu géopolitique de l'énergie ?

Depuis les premières concessions pétrolières de Reuters (voir question n° 54), l'Iran est assurément un géant de l'énergie. Sa place sur l'échiquier géopolitique est déterminante car son pétrole et son gaz représentent respectivement 11,4 % et 15 % des réserves mondiales. L'Iran se place au quatrième rang des producteurs de pétrole et au deuxième rang des exportateurs de l'OPEP. Pour ces raisons, ce colosse énergétique développe des relations géopolitiques étroites avec la Chine et l'Inde. Cet État en profite également pour étendre son influence régionale auprès de ses voisins, également musulmans, comme le Turkménistan et le Tadjikistan, avec l'ambition de l'étendre à toute l'Asie Centrale. L'Iran devient progressivement une puissance incontournable, ce qui est tout à fait légitime, mais la situation internationale montre clairement que des difficultés majeures existent et se développeront si l'Iran tient à se marginaliser par des positions qui exacerbent la communauté internationale. Il y a longtemps que l'Iran n'accepte pas la géopolitique et l'économie pétrolière (voir question n° 7).

Les tensions entre musulmans sunnites et chiites viennent par ailleurs compliquer la géopolitique de l'énergie puisque l'Iran est à grande majorité chiite, alors que la majorité des grands pays pétroliers du Moyen-Orient sont sunnites et même ardents défenseurs de cette partie de l'islam.

Un constat objectif s'impose : la production de pétrole du pays n'a pas bénéficié de la révolution islamique qui a fait fuir 2 millions d'Iraniens du pays. La quarantaine de puits en production a besoin d'être modernisée, mais le refus du pays de jouer le jeu de l'ouverture empêche l'Iran d'accroître massivement sa production. À l'époque impériale, le pays fournissait jusqu'à 6 Mb/j, production qui s'est effondrée avec l'arrivée au pouvoir des ayatollahs et la seconde crise énergétique qui en a découlé. Aujourd'hui, avec un rythme stagnant à 4 Mb/j, le pays n'est même pas revenu au niveau qui était le sien avant l'arrivée au pouvoir des mollahs ; quant à l'exportation, elle est passée en 35 ans de 5,5 Mb/j à

2,5 Mb/j. Le moins que l'on puisse dire est que ce type de révolution ne bénéficie pas à la production pétrolière et, partant, à la manne qui se déverse sur les pays riches en hydrocarbures. Ce pays n'est même pas en mesure de satisfaire sa demande en essence et est obligé d'importer 40 % de ses besoins en carburants. Ceci démontre une nouvelle fois que ce ne sont pas nécessairement les richesses naturelles d'un pays qui le rendent prospère, mais avant tout c'est l'état de droit, la transparence et la confiance, éléments indispensables pour que la libre entreprise puisse se développer pour le bénéfice de toute la nation.

Dans ce contexte, on peut légitimement douter de la nécessité de ce pays, qui regorge de richesses que le monde entier aimerait posséder, de devoir produire de l'énergie électrique à partir du nucléaire. Personne n'est dupe, car l'Iran non plus ne cache pas – ou du moins son président – qu'il veut posséder la bombe atomique pour devenir un grand de la géopolitique et – au moins – faire plier Israël. Même si l'ONU tarde à appliquer les sanctions décidées, le rouleau compresseur des USA avance, même si c'est lentement. Ainsi, par exemple, nombre de banques ont cessé toute activité avec l'Iran. Les grandes institutions financières veulent se prémunir, non seulement pour ne pas être accusées de supporter le terrorisme, mais aussi pour ne pas être prises au dépourvu et être de nouveau accusées d'avoir fermé les yeux sur l'antisémitisme… Tout cela est quand même assez surprenant puisque, historiquement, l'Iran est un pays ni agressif, ni belliqueux ; il a été pacifique pendant longtemps. Il faut espérer qu'il le sera encore et, peut-être, devrions-nous les aider à établir des relations plus harmonieuses avec l'Occident et notamment l'UE. Le besoin en gaz naturel, la mise en place du gazoduc Nabucco (que l'on peut qualifier d'embouchure qui n'attend pas que l'Iran souffle dedans) et leur très haut niveau de réserves en hydrocarbures sont de nature à servir d'éléments de stabilisation des relations entre l'UE et ce pays pour un bénéfice commun. Même s'il faudra encore longtemps pour que la production d'électricité européenne se fasse en partie avec du gaz iranien arrivant par gazoduc, il arrivera sans doute bien avant sous forme de GNL…

Car l'Iran ne peut plus attendre pour exploiter sa richesse gazière. Le gisement de Pars-sud situé dans le Golfe persique sur un territoire commun au Qatar et à l'Iran est probablement un des plus grands champs de gaz naturel au monde. Avec ce projet, Total comptait devenir le premier partenaire de l'Iran en matière d'hydrocarbures. Ce gisement extraordinaire est déjà exploité par le Qatar[29], mais l'Iran n'en est que dans sa phase préparatoire. Sans aide extérieure, en l'occurrence de Total, ce projet ne pouvait se réaliser, car les Iraniens ne possèdent pas la technologie. Le groupe est en Iran depuis 1950 et il n'a pu résister aux pressions étasuniennes qui n'aiment pas que ce pays se développe avec de l'aide extérieure. Pour Total, l'enjeu est de taille et l'on comprend aisément qu'il ait tenté de s'opposer à toute sanction décidée au siège des Nations Unies puisque cela remettrait en cause son énorme investissement. Finalement, en juillet 2008, Total a décidé de geler sa participation au projet.

L'Iran commercialise 27 % de son pétrole au Japon, soit un tiers des importations pétrolières nippones. En fait, les Européens, tellement tournés sur eux-mêmes, oublient que le pétrole du Moyen-Orient, et en particulier l'iranien, coule essentiellement vers l'est et non pas vers l'ouest et, évidemment, il n'y a aucune exportation de pétrole iranien vers le « Grand Satan ». Vue cette grande interdépendance pétrolière, il n'est pas surprenant que les entreprises japonaises investissent en Iran, en particulier dans le nouveau champ pétrolier d'Azadegan, profitant de la détermination de la république islamique de bien montrer qu'elle peut privilégier d'autres États aux dépens des USA, en l'occurrence même ses propres alliés. Toutefois, les compagnies japonaises commencent à montrer des signes d'agacement face aux risques politiques de leur investissement dans ce pays instable (voir question n° 72). De même, la soif de pétrole de la Chine est telle qu'elle doit entretenir de bonnes relations avec son fournisseur, presque un voisin. Signalons qu'un accord prévoit la fourniture de GNL à la Chine pour une durée de 25 ans, d'une valeur commerciale de vingt milliards de dollars, et que les négociations pour relier l'Iran à l'Inde via le Pakistan par un gazoduc progressent.

---

[29] C'est le même gisement que celui de Ras Laffan (voir question n° 58).

73. Que peut-on attendre du nouvel Irak ?

L'Irak est un haut lieu du pétrole. Dans l'Antiquité, le bitume qui affleurait était utilisé dans la construction. Our-des-Chaldéens ou Our en Babylonie, fondée vers 4000 av. J.-C. et ville d'origine de Abram, le fondateur du monothéisme, était sur le site de ce qu'on appelle aujourd'hui *Tal al Muqayyar* dans le sud de l'Irak, qui signifie en arabe « la colline du bitume ». Le patriarche Abram vivait déjà sur du pétrole !

Après le musellement des aspirations régionales durant les années de la dictature, la population irakienne aspire à une plus grande autonomie de ses régions. La diplomatie étasunienne soutient toutes les parties en vue de les faire travailler vers la résolution des tensions interreligieuses ou interethniques. La situation de chaos ne pouvant être tolérée, elle ne peut donc accepter l'inaction politique ; le président Bush s'en est plaint le 22 août 2007 comme jamais il ne l'avait fait auparavant (« *les politiciens vont en vacances sans avoir voté des lois* »). C'est en particulier la loi de répartition des richesses pétrolières qui est la cause du chaos et la clef pour faire cesser la barbarie qui tue quotidiennement par dizaines – quand ce n'est pas par centaines – des civils innocents dans le but d'instaurer la guerre civile et ainsi faire échouer le plan de pacification du président Bush.

Pourtant, il faudra bien que le pays réussisse la collaboration interethnique ou interreligieuse s'il veut avoir un avenir ; à moins qu'il n'éclate, et la concentration des richesses pétrolières pourrait bien servir de détonateur à cette implosion. C'est ce qui explique la dernière phrase de Saddam Hussein juste avant son exécution puisqu'il a exhorté les Irakiens à rester unis.

La nouvelle constitution prévoit que le pétrole et le gaz sont la propriété de tout le peuple irakien dans toutes les régions et les provinces, en tenant compte du poids démographique de chaque région (article 109) ; elle stipule également que le gouvernement central devra administrer les gisements existants avec les régions productrices de manière équitable, au bénéfice de tous dans tout le pays (article 110). Cela induit que les sunnites qui ont fait la pluie et le beau temps sous le régime de Saddam Hussein, et qui étaient les principaux bénéficiaires de la rente pétrolière, vont se retrouver sans or noir puisqu'ils vivent essentiellement dans des zones dépourvues de puits de pétrole. Cela explique amplement qu'ils aient voté contre le projet de constitution et qu'ils craignent de voir les Kurdes au nord et les chiites au sud les couper de la manne pétrolière.

Ce langage de la constitution est, il faut l'admettre, ambigu. C'est la raison pour laquelle une loi sur la répartition des revenus pétroliers est en préparation et aurait dû être adoptée en 2007 mais, vu les enjeux, on ne sait trop quand cela se fera. Ce sont de nouveau les Kurdes qui mènent ce débat, car ils ont la ferme intention de contrôler leur pétrole et celui de la région contestée de Kirkuk, au grand désespoir de la Turquie qui voit en cela un risque d'émulation pour sa population kurde. Les propositions pour trouver une solution équitable se multiplient. Même la sénatrice Hillary Clinton s'en préoccupe ; elle propose de créer un fond similaire à celui du Fond permanent de l'Alaska, qui permet de gérer les revenus pour l'ensemble de la population, pour qu'une partie soit gérée par le gouvernement et une partie significative des revenus soit répartie équitablement entre la population. Facile à dire, mais difficile à faire. Qui va gérer ce fond ? Les USA ou les Nations Unies ? Impossible. La Ligue Arabe très majoritairement sunnite ? Les chiites en voudront-ils ? Les Kurdes qui ne sont pas arabes ne feront pas confiance. Et puis, précisément, ni les chiites, ni les Kurdes ne veulent que cette répartition ne soit équitable ; ils tiennent à récupérer ce qu'ils ont perdu pendant les décennies de la dictature de Saddam Hussein.

En fait, le chaos dans lequel se trouve le pays avec les bains de sang quotidiens dus aux carnages entre sunnites et chiites, ne peut cesser que s'il y a un accord politique entre les différentes factions. Il faut que celui-ci leur donne suffisamment de raisons pour poursuivre sur la voie politique au lieu de sombrer dans un cycle de revanches sectaires. Cela n'est pas encore le cas. Ce qui pourrait peut-être fonctionner, c'est un Irak fédéral, avec trois régions largement autonomes de façon à rencontrer les particularités des Kurdes, des sunnites et des chiites. Mais il faut, pour que cela fonctionne, que les sunnites ne soient pas totalement privés de la manne pétrolière.

L'enjeu est important, car le pays devrait disposer de réserves pétrolières beaucoup plus importantes qu'on ne le croit, puisque l'exploration de ce pays est loin d'être complète. Les réserves de l'Irak sont attractives, mais les estimations varient considérablement, entre 115 et 220 Gb. Lors du Congrès économique mondial de Sharm al-Sheikh de

2008, Barham Salih, vice-Premier ministre irakien, annonçait une réévaluation des ressources en les portant à 350 Gb, soit plus que l'Arabie qui en posséderait 264 Gb. Quoi qu'il en soit, le potentiel pourrait être en effet important et attrayant puisque seulement 17 des 80 domaines découverts ont été développés. De plus, comparés à ses voisins, peu de puits profonds ont été forés. De façon générale, seuls quelques 2 300 puits ont été forés, dont environ 1 600 produisent effectivement du brut. En fait, l'Irak est un autre « scandale » géologique dont l'exploitation n'est que partielle. Parmi les pays arabes, c'est le pays au potentiel de réserves le plus élevé. Son brut est facile à extraire et très peu cher à exploiter, ce qui fait qu'il est potentiellement apte à supplanter un jour l'Arabie Saoudite au premier rang mondial. Sa production maximale était de 3,5 Mb/j en 1979, pour chuter brusquement à moins de 1 Mb/j en 1980 à cause de la guerre avec l'Iran. La production a ensuite atteint des niveaux élevés, mais s'est de nouveau effondrée jusqu'à 0,3 Mb/j en 1991, son minimum historique depuis l'indépendance. La remontée progressive grâce au programme pétrole contre nourriture a permis à l'Irak d'atteindre une production de 2,5 Mb/j en 2000. À présent, le pays produit 2,1 Mb/j, ce qui est loin de son plafond de 1979, et n'exporte que 1,4 Mb/j.

Le potentiel est tel qu'il n'a pas fallu attendre longtemps pour que les dispositions de la constitution prévoyant la répartition des ressources pétrolières trouvent une application chez les Kurdes. En novembre 2005, le gouvernement régional kurde annonce qu'il a lancé dans sa région un forage de prospection Tawke 1 près de la ville de Zakho, dans la province de Dohuk. C'est une compagnie norvégienne qui est chargée de ce premier forage de l'après-Saddam Hussein dans le cadre d'un contrat de partage de production. En quelques jours, le 28 novembre 2005, on trouvait du pétrole à environ 350 mètres. Ceci est bien prometteur pour un pays dont 90 % du territoire n'est pas encore prospecté.

S'étant refermé sur lui-même durant la dictature, l'Irak ne possède ni les ressources, ni les technologies pour relancer la production pétrolière, mais il a compris – sans doute est-ce même imposé par les USA – qu'il doit *ouvrir les portes du paradis* pour attirer les compagnies internationales. C'est la raison pour laquelle le même Barham Salih, au cours de la réunion où il annonçait la réévaluation des réserves irakiennes, avouait : « *Nous pouvons les réglementer mais nous avons besoin d'investissements privés pour développer les capacités de production irakiennes* ».

Bien que les compagnies pétrolières soient connues pour vivre dangereusement, celles-ci ne reviendront que si la situation intérieure s'améliore très sérieusement. Nous pourrons alors nous attendre à une véritable rupture au Moyen-Orient et, peut-être même, l'éclatement de l'OPEP.

74. Pourquoi le Qatar est-il devenu si important ?

Ce pays arabe du Golfe Persique est le plus petit producteur de l'OPEP. Il possède des réserves pétrolières de plus de 15 milliards de barils, en forte croissance, ce qui devrait porter sa production de brut de 0,85 Mb/j actuellement à 1 Mb/j en 2010.

L'entreprise d'État Qatar Petroleum (QP) contrôle tous les aspects du secteur pétrolier, depuis l'exploration jusqu'au transport. Bien qu'elle possède tous les droits sur les ressources du pays, elle fait parfois appel à des sociétés internationales, comme ExxonMobil, Chevron ou Total, auxquelles elle propose des contrats de production partagée dans lesquels elle détient la majorité. Le président de QP est à la fois ministre de l'Énergie et de l'Industrie et vice-Premier ministre du Qatar. Les opérations de QP sont donc directement conduites par les agences de planification, les autorités de régulation et les décideurs politiques.

L'avenir à long terme pour ce pays n'est pas le pétrole, mais bien le gaz naturel dont les réserves de gaz sont évaluées à 25 600 milliards de m³, ce qui représente 14 % des réserves mondiales. Le Qatar ambitionne de devenir l'Arabie Saoudite du gaz. Éloigné des grands consommateurs, il a dû miser sur le GNL ; on prévoit qu'en 2010 le Qatar sera le premier exportateur de GNL. Non seulement il alimente les marchés de l'Asie et de l'Europe (voir question n° 59), mais les USA peuvent aussi être alimentés à partir de cet émirat.

Dans une publicité relative aux Jeux Asiatiques de décembre 2007, le Qatar capitalise sur sa richesse prouvée en gaz naturel et ne mentionne pas du tout le pétrole…

Le gouvernement a également annoncé qu'il ambitionne de devenir le premier producteur de GTL, hydrocarbures liquides produits à partir de gaz naturel (voir question n° 74). En effet, ses réserves en gaz étant gigantesques, il est normal que le pays tente d'exporter non seulement cet hydrocarbure, mais également des produits dérivés de celui-ci. Il a annoncé un objectif de production de 0,8 à 1 Mb/j de gazole synthétique d'ici 2020.

Les grandes sociétés sont particulièrement actives sur cette filière au Qatar (Shell, Sasol-Chevron, ConocoPhilips, Ivanhoe et l'entreprise nationale Qatar Petroleum). Toutefois, plusieurs projets qui avaient été annoncés sont à présent gelés, la raison évoquée étant l'augmentation des coûts. Toujours est-il que d'ici 2012, le Qatar devrait produire 177 000 b/j de liquide synthétique. Arrivera-t-il à l'objectif annoncé pour 2020 ? Tout dépendra des prix des énergies, de la conjoncture internationale et de la situation géopolitique. Quoi qu'il en soit, sous forme de gaz liquide ou de produits synthétiques, le Qatar sera un grand pays du gaz.

À noter d'ailleurs que la production de gaz s'accompagne toujours, dans ce pays, de production d'hydrocarbures liquides. Ce gaz naturel est du type appelé « humide », c'est-à-dire qu'il contient des produits qu'on peut condenser sous forme liquide. Il contient également du butane et du propane (GPL). Comme ces condensats ne relèvent pas des quotas de l'OPEP, ceci pourrait être une source non négligeable de revenus pour ce pays. On estime qu'en 2006 ce sont 285 000 b/j qui ont été produits et certains industriels estiment que la production de condensats en 2012 serait de 0,8 Mb/j. Les négociants de GPL voient le développement du GNL qatari comme une opportunité pour pouvoir importer plus de GPL en Europe.

En conséquence, que ce soit avec du CTL ou du GPL (voir question suivante), le Qatar est vraiment important comme pays fournisseur de carburant alternatif.

75. Qu'est ce que le GTL et le CTL ?

GTL est l'abréviation en langue anglaise de *gas to liquids* (du gaz vers des liquides). Ici, il ne s'agit pas d'une opération physique comme dans le cas du GNL pour transformer le méthane de l'état gazeux à l'état liquide, mais bien de changer de nature chimique en produisant des hydrocarbures liquides à partir de gaz naturel ; en fait, on va produire du gazole et du naphta.

L'opération consiste en un processus chimique en deux étapes. Dans la première, on fait réagir le méthane avec de la vapeur d'eau pour obtenir un mélange de CO et de H_2, par la réaction appelée du gaz à l'eau :

$$CH_4 + H_2O \leftrightarrow CO + 3\ H_2$$

Ce mélange de monoxyde de carbone et d'hydrogène s'appelle gaz de synthèse ou syngas, parce que précisément, dans la seconde phase à partir de ce mélange de gaz, on peut synthétiser d'autres hydrocarbures du type C_nH_m ou même oxygénés $C_nH_mO_p$. Cette synthèse se fait à l'aide de catalyseurs ; en fonction de la nature de celui-ci, de la proportion de CO et H_2 dans le *syngas* et des conditions de température, pression et temps de séjour, l'ingénieur chimiste parvient à conduire la réaction pour obtenir le produit désiré ; ce processus est appelé synthèse Fischer-Tropsch, du nom de deux chimistes[30] qui l'on mit au point vers 1925.

Le mélange obtenu est exempt de soufre et il ne contient pas non plus d'hydrocarbures aromatiques, ce qui en fait un produit non cancérigène.

Le marché se développera progressivement en utilisant, dans un premier temps, le GTL comme additif dans les carburants actuels pour qu'ils répondent aux normes de plus en plus sévères relatives à la pollution atmosphérique. Dans une première phase, on doit s'attendre donc à un petit marché, mais à haut revenu. Le développement technologique devrait continuer à faire baisser les prix de cette filière et, si certains envisagent de faire encore monter les prix du brut en jouant sur

---

[30] Franz Fisher était allemand et Hans Tropsch tchèque.

la géopolitique, cette filière se développera et plafonnera *de facto* la croissance du prix de l'or noir.

Frank Biela, Emanuele Pirro et Marco Werner ont remporté le 18 juin 2006, sur Audi R10 TDI, la première victoire d'une voiture diesel dans la course des 24 heures du Mans. Le mérite en revient à tous ceux qui ont préparé et fait la course, mais également au nouveau carburant qui était utilisé : le Shell V-Power Diesel, combustible produit par la filière GTL.

Ce Shell V-Power Diesel est un gazole de qualité qui utilise cette technologie spéciale ayant trait à un combustible synthétique créé à partir de gaz naturel en Malaisie. Ce combustible brûle plus proprement et efficacement que le gazole classique en raison de sa pureté et de son nombre de cétanes remarquables.

Même l'Airbus A-380 a volé avec du GTL en février 2008. Il était le premier avion civil à le faire avec ce carburant de synthèse. L'opération visait à évaluer l'impact environnemental des carburants alternatifs dans le marché du transport aérien. Là aussi, le carburant était fourni par Shell.

Mais, en fait, ce GTL n'est rien d'autre qu'un produit similaire à celui qui a été fabriqué pendant la Seconde Guerre mondiale par l'Allemagne nazie. Étant à cours de pétrole et n'ayant pas pu mettre la main sur le Moyen-Orient ou l'Asie centrale pour poursuivre l'effort de guerre, c'est à partir de charbon que le Troisième Reich a fabriqué son carburant. Dans une première phase, le charbon était converti en gaz de synthèse dans un gazogène, par réaction entre du charbon et de la vapeur d'eau. Et, dans une seconde phase, du carburant était produit par la synthèse de Fischer-Tropsch. Cela ne se justifiait que dans une économie de guerre car, dès que celle-ci fût terminée, ce qu'on a appelé la liquéfaction indirecte du charbon a été abandonnée en Allemagne.

Plus tard, pour faire face à l'embargo contre l'apartheid, l'Afrique du Sud qui dispose de charbon bon marché a repris cette technique et l'a perfectionnée, de sorte qu'encore aujourd'hui, dans ce pays, on produit du carburant de synthèse à partir du charbon. On trouve dans ce pays des stations services qui distribuent ce produit sous la marque Sasol (Sud African Synthetic Oil), le sponsor officiel de l'équipe championne du monde de rugby en 2007. Sasol produit 170 000 b/j de carburant synthétique, ce qui représente 1/3 de la consommation de pétrole et 85 % de la production totale du pétrole de l'Afrique du Sud. Preuve s'il en est que la solution de remplacement au pétrole existe déjà. Ce n'est qu'une question de coût…

Notons que la Chine qui dispose de réserves importantes de charbon, mais manque cruellement de pétrole, s'intéresse à cette production synthétique d'essence. Elle développe également du combustible de synthèse à usage domestique afin d'éviter que, dans les zones reculées du pays, on ne cuisine dans les maisons avec du charbon de mauvaise qualité, cause de problèmes respiratoires notoires.

Aujourd'hui, ce qui est utilisé depuis 1944 est rebaptisé CTL pour *coal to liquid* (charbon vers liquide). Pour être politiquement correct, on parle à présent du trio CTL, GTL et BTL, ce dernier n'étant rien d'autre que la production de biogazole de seconde génération (voir question n° 17). Mais, devant les difficultés que nous avons vues au sujet de la production de biocombustible et l'avantage du prix présenté par le CTL ou le GTL, l'avenir des carburants en cas de nouvelles crises pétrolières va s'appuyer sur le charbon et le gaz naturel.

On ne doit pas passer sous silence que cette opération chimique est ce qu'on appelle une réaction endothermique, c'est-à-dire qu'il faut lui fournir de la chaleur pour qu'elle puisse avoir lieu. En conséquence, elle consomme de l'énergie… Si l'on peut donc considérer le CTL, le GTL ou le BTL comme des « substituts » du pétrole, il faudra tenir compte qu'ils consomment globalement plus d'énergie qu'une utilisation directe par combustion, respectivement du charbon, du gaz naturel ou de la biomasse.

76. Quelle est la stratégie énergétique du Japon ?

Le Japon, plus que la plupart des autres nations industrialisées, doit affronter le défi du XXIe siècle causé par son manque de ressources énergétiques. Bien plus que l'UE, il souffre de cette situation et doit importer de grandes quantités de pétrole brut, de gaz naturel et d'uranium pour ses réacteurs nucléaires. Son taux de dépendance externe pour son énergie primaire est de 98 % alors que, nous autres européens, nous n'en sommes qu'à 51 % ! Il est en fait logé à la même enseigne que la Corée, mais le volume de ses importations est bien plus important.

Bien que, dans l'imaginaire populaire, on croit que ce pays de la haute technologie s'appuie surtout sur les énergies renouvelables, il n'en est rien, car ce sont principalement les énergies fossiles qui forment le socle de son approvisionnement énergétique. Le Japon n'a presque pas de pétrole, mais il est le quatrième plus grand consommateur de pétrole au monde. Il le fait venir surtout de l'OPEP (75 % à 80 %), particulièrement des pays du Golfe Persique, démontrant que l'or noir du Moyen-Orient coule vers l'est.

Une autre source possible pour les importations japonaises de pétrole est l'Extrême-Orient russe, avec notamment le projet poussé par le Japon de construire l'oléoduc, qui porterait le pétrole sibérien au départ d'Angarsk vers le terminal d'exportation de Nakhodka sur la côte pacifique (voir question n° 68). C'est la raison pour laquelle la question des Kouriles est, pour l'instant, mise de côté. En effet, 60 ans après la fin de la Seconde Guerre mondiale, entre le Japon et la Russie, il n'y a toujours pas officiellement d'accord de paix signé car les deux pays se contestent la souveraineté sur ce groupe d'îles. Vu les besoins en hydrocarbures du Japon que la Russie peut en partie satisfaire, les Nippons sont prêts à fermer un œil sur le retour des Kouriles dans leur territoire.

Comme les USA et l'UE, le Japon s'intéresse également à l'Asie centrale. Les visites d'États, les conférences ministérielles et autres types de rencontres se multiplient pour renforcer les relations entre ces pays riches en hydrocarbures et l'Empire du Soleil levant.

La « Nouvelle stratégie énergétique nationale », adoptée en mai 2006, prévoit, d'ici 2030 notamment, la réduction de la part de pétrole dans le portefeuille énergétique de 50 % à moins de 40 %. La volonté du Japon est de garantir ses ressources énergétiques à l'étranger par le renforcement de la place de ses sociétés énergétiques dans le but d'en faire des champions mondiaux. Alors que le Japon est connu pour disposer d'entreprises qui ont des positions de tout premier ordre dans nombre de produits de consommations, il n'existe pas d'équivalent de Sony, Toyota, Hitachi dans le domaine de l'énergie. Conscient de ce handicap, en novembre 2001, le Premier ministre M. Koizumi a annoncé la création de la « Japan Oil, Gas and Metals National Corporation » (JOGMEC), au départ d'une société d'état existante. La « Nouvelle stratégie énergétique nationale » demande spécifiquement d'accroître la part de pétrole appelé « *Hinomaru* », c'est-à-dire celui « développé et importé » par des producteurs japonais. Cette stratégie pétrolière globale vise à s'assurer l'accès à des réserves et tenter de porter, en 2030, la part du pétrole *Hinomaru* des 15 % actuels à 40 % ! Qui dit que l'ère du pétrole se termine ? Pas au Japon dans tous les cas…

D'ailleurs, des conflits territoriaux avec la Chine ayant pour origine de possibles exploitations d'hydrocarbures sont récurrents, notamment en ce qui concerne les territoires contestés des îles Senkaku.

Le Japon est le champion hors catégorie des importations de gaz naturel liquéfié. Nous avons vu que la géopolitique de l'énergie joue à fond dans ce domaine (voir question n° 59).

Comme partout ailleurs, le charbon y possède une place importante. Le Japon est également le plus grand importateur au monde de charbon à coke pour son industrie sidérurgique. De façon générale, le Japon représente environ 22 % des importations mondiales de charbon ; il s'approvisionne en charbon vapeur essentiellement en Australie, en Afrique du Sud, aux États-Unis et en Chine.

Au Japon, le nucléaire n'est pas un tabou car il représente 29 % de l'électricité produite. Déterminé à maîtriser sa sécurité énergétique, le Japon a accru sa confiance dans le nucléaire. En produisant plus d'électricité d'origine nucléaire, le pays espère réduire ses émissions d'anhydride carbonique. La « Nouvelle stratégie énergétique nationale » prévoit l'expansion de la quantité de ce type d'électricité pour qu'elle soit de 30 à 40 % du volume produit. Cela devrait entraîner la construction de 9 à 12 nouvelles centrales, pour porter la capacité installée de production nucléaire à 17,5 GW. Actuellement, le Japon est le numéro 3 mondial pour le nucléaire installé, derrière les États-Unis et la France.

Face à cette dépendance extraordinaire des importations, le gouvernement a également dévoilé un plan pour construire un nouveau réacteur surrégénérateur commercialement opérationnel avant 2050.

Avec le ralentissement intervenu aux USA et dans l'UE, le savoir-faire nippon a acquis la première place mondiale et le Japon entend bien l'exporter. Il a déjà lancé un programme de coopération nucléaire avec le Vietnam, l'Indonésie et la Chine et œuvre pour inclure le nucléaire dans les mécanismes de flexibilité du Protocole de Kyoto.

Pendant des années, en quête de solutions énergétiques satisfaisantes, les compagnies japonaises ont investi dans des projets de production de pétrole à haut risque en Russie, en Iran, au Kazakhstan... À présent qu'il apparaît que ces pays utilisent trop la force géopolitique que leur accorde leur pétrole, pour produire le pétrole *Hinomaru*, les Japonais commencent à s'intéresser à des zones plus pacifiques comme le Golfe du Mexique. Ainsi Nippon Oil, Mitsubishi et Anardako ont acheté des parts dans des champs pétroliers de cette zone. Du fait qu'elle est exploitée depuis longtemps, les compagnies doivent prospecter dans des grandes profondeurs. Mais il vaut mieux pour les Japonais investir dans des zones plus difficiles techniquement que dans des champs « faciles », mais géopolitiquement risqués.

77. Le Japon ne s'intéresserait-il pas au développement durable ?

Au contraire, le Japon est le champion mondial de l'efficacité énergétique (voir question n° 13). C'est le résultat du célèbre programme « Moonlight » lancé entre 1970 et 1990 en faveur du rendement énergétique. Celui-ci a donné de nombreux et très bons résultats. La « Nouvelle stratégie énergétique nationale » prévoit, d'ici 2030, d'améliorer encore l'efficacité énergétique de 30 %. Le Japon a ainsi développé une série impressionnante de stratégies pour réduire ses émissions de CO_2.

En vertu du Protocole de Kyoto de 1997, le Japon – le quatrième plus grand producteur au monde des gaz à effet de serre – s'est engagé à réduire ses émissions de CO_2 de 6 %, mais comme il est déjà particulièrement efficace, la tâche lui est particulièrement difficile. Selon la « Nouvelle stratégie énergétique nationale », ce programme ambitieux en matière d'efficacité énergétique ne peut être réalisé sans l'adhésion de la population nippone ; le pays lance pour cela une vaste action d'amélioration de l'efficacité énergétique par l'éducation de sa population.

Le Japon entend faire valoir son savoir-faire dans le domaine des rendements énergétiques au niveau international, de sorte qu'une partie importante de la nouvelle stratégie nippone consiste à aider les pays asiatiques à adopter des mesures d'efficacité énergétique grâce à l'échange d'experts et de stagiaires, des sociétés de service spécialisées, l'encouragement à adopter des systèmes d'étiquetages, l'établissement de marqueurs (*benchmarking*)… La Chine et l'Inde sont les pays qui intéressent particulièrement le Japon pour transférer son savoir-faire mais, plus largement, cette démarche d'aide à la coopération s'intègre dans les accords ASEAN+3 qui associent aux dix pays de l'ASEAN la Chine, la République de Corée et, évidemment, le Japon.

Le Japon est cité par tous comme étant le pays à l'avant-garde pour ses efforts de recherche dans le domaine de la production d'énergies alternatives dont les énergies renouvelables. En 1974, il lance le programme « Sunshine » ; son budget a été multiplié par 16 au cours de cette période. Il comportait cinq domaines : l'énergie solaire ; le géothermique ; le charbon ; l'hydrogène ; l'éolien et l'énergie des océans. Aujourd'hui, trente ans après tous les efforts consentis par ce pays modèle, sans nier certaines avancées indéniables sur le plan scientifique, un constat s'impose : les énergies renouvelables au Japon ne représentent encore que 4 % ! En 23 ans, on assiste à une érosion en termes absolus de la production d'énergie solaire thermique, à une légère croissance de la production d'énergie à partir des déchets et à un doublement de la géothermie, mais qui finit par stagner. Seule la production à partir de la biomasse n'est pas marginale.

Si l'on se tourne vers la production d'électricité, le constat est encore plus amer ! Seule l'électricité d'origine hydraulique, comme partout dans le monde, est significative dans la part des énergies renouvelables. Quant à l'énergie d'origine éolienne, seuls 488 GWh y ont été produits en 2003 au départ de 277 MW de capacité installée, soit 0,8 % de la capacité installée dans l'UE-25. Est-ce par manque de place dans le territoire exigu nippon que l'éolien ne décolle pas ? Mais alors pourquoi le Japon ne ferait-il pas des centrales *offshores* ? Est-ce parce que les Japonais ont compris avant les autres que cela n'en valait pas la peine économiquement ?

On peut en effet s'interroger sur la perception nippone des énergies renouvelables, puisque dans la « Nouvelle stratégie énergétique nationale » non seulement il n'y a pas un objectif quantifié pour ce type de production, mais on n'y trouve même pas un paragraphe qui leur est consacré ? On note ici et là quelques vagues références au bioéthanol, mais sans plus. Ce sont toujours les vieilles énergies fossiles et le nucléaire qui forment, plus que jamais, le socle énergétique de la réussite industrielle de l'Empire du soleil levant.

Il faut bien admettre que l'argument avoué de beaucoup – y compris de certains ministres – comme quoi le Japon est un pays à l'avant-garde des énergies renouvelables est fallacieux. Ce pays ne croit plus aux énergies renouvelables, lui préférant et de loin l'énergie nucléaire, les énergies fossiles et l'efficacité énergétique.

78. Quelle est la place de l'Australie dans le monde de l'énergie ?

L'Australie est une superpuissance énergétique qui présente l'avantage d'appartenir à l'OCDE et à l'AIE ; c'est donc un stabilisateur de la géopolitique de l'approvisionnement énergétique. C'est un géant charbonnier. Ses réserves de charbon sont de 78,5 Gt, soit 8,6 % des réserves mondiales et présentent l'avantage d'être très facilement exploitables, ce qui en fait un produit bon marché. Il en résulte que, depuis 1986, l'Australie est le plus grand pays exportateur de charbon au monde, représentant environ 30 % du commerce mondial de ce combustible.

C'est également un géant de l'uranium. Il est le pays qui possède les plus grandes réserves d'uranium avec 667 000 t de minerais, soit 26 % des réserves mondiales, mais presque 40 % des minerais d'uranium faciles à exploiter. Il possède également 1,4 % des réserves mondiales de gaz naturel, raison pour laquelle il ambitionne de devenir, d'ici 2015, le deuxième plus grand pays exportateur de GNL.

Malheureusement, il ne possède seulement que 0,3 % des réserves de pétrole. Mais les autorités estimant que la plus grande partie des gisements du pétrole australien est restée inexplorée, et donc inexploitée, on peut s'attendre là aussi à un développement prometteur. D'ailleurs, les grandes compagnies ont augmenté leurs activités de prospection dans ce vaste pays.

Le pays est conscient de son importance stratégique croissante en matière d'approvisionnement énergétique. Il est vrai que l'intérêt pour les vastes réserves de charbon, de gaz et d'uranium de l'Australie augmente au fur et à mesure de la croissance de la demande énergétique mondiale et, plus singulièrement, de celle de la Chine et de l'Inde aussi, eu égard à leur relative proximité. Il n'est pas difficile de comprendre l'importance de l'argument face aux difficultés géopolitiques que représentent les approvisionnements énergétiques au départ notamment du Moyen-Orient et de la Russie. On doit donc s'attendre à un rôle croissant de cette superpuissance énergétique, efficace et qui mise sur la liberté du marché.

Puisque l'Australie dispose de réserves importantes de charbon et de gaz naturel, comme le Qatar et l'Afrique du Sud, le développement des filières GTL et CTL sont en préparation (voir question n° 75). Si elles se concrétisent, elles feront de ce pays un exportateur de carburants de synthèse propres, économiques et efficaces.

Depuis 1996, la mine de charbon de Dawson (Moura) produit également du méthane (*coal bed methane*) qui est commercialisé. Pompé dans des puits de 1 000 mètres forés le long des veines de charbon, le gaz est transporté sur 28 kilomètres pour être vendu à une centrale électrique. Ce « grisou » contient 98-99 % de méthane. La raison principale est de dégorger des veines de charbon de son méthane pour améliorer la sécurité des mineurs. Cette installation produit actuellement 3 000 GJ et réduit les émissions de la mine d'environ 2,5 Mt CO_2 par année.

Les autorités australiennes sont conscientes du rôle stabilisateur que leur pays peut jouer dans la géopolitique de l'énergie. Il y a fort à parier que la production de toutes les énergies va se développer et, comme le pays est convaincu des bienfaits de la libre entreprise, cette croissance sera stable et source de prospérité. On peut parier sur un rôle de premier plan pendant encore de très nombreuses années pour ce pays des antipodes.

79. L'exploitation de l'uranium est-elle importante pour l'Australie ?

Les développements récents sur les marchés mondiaux de l'énergie ont suscité un regain d'intérêt international pour l'énergie nucléaire. C'est dans ce contexte que le gouvernement australien a décidé de réviser sa stratégie relative à l'exploitation de ses mines d'uranium, son traitement et, de manière plus générale, la contribution de l'énergie nucléaire en Australie sur le long terme. Jusqu'à présent, cette filière n'est pas du tout développée dans ce pays qui se contente d'exploiter les mines et de préparer le concentré d'uranium (*yellow cake*) pour l'exportation.

Pour l'instant, ses exportations d'uranium sont strictement contrôlées et elles ne proviennent que de deux mines, avec interdiction de mise en exploitation de nouveaux gisements. L'Australie envisage donc très sérieusement, d'une part d'accélérer le développement de nouvelles mines (vraisemblablement dans les territoires du nord) et, d'autre part, de construire des installations d'enrichissement. Pourquoi se contenter d'exporter du concentré alors que le pays pourrait produire des barres d'uranium directement utilisables dans les réacteurs et offrir également la possibilité de stocker le combustible irradié ? Cette valeur ajoutée serait bien plus profitable à l'économie du pays, évidemment.

La mine Olympic Dam, située dans la partie centrale de l'Australie méridionale, est le plus grand gisement de minerai connu au monde, avec environ deux tiers des réserves prouvées de l'Australie. La seconde mine en exploitation est celle de Ranger, située dans le Parc national de Kakadu.

L'Australie envisage également la construction de réacteurs pour elle-même. Pour l'instant, il n'y a aucune centrale sur son territoire, tant elle peut s'appuyer sur la production d'électricité à partir de son charbon bon marché (80 % de son électricité vient du charbon). Mais comment continuer sans nucléaire ? La population des antipodes, ici comme ailleurs, est divisée sur cette question et le pouvoir politique travaille pour faire prendre conscience de cette indispensable réalité. Selon l'ancien

Premier ministre John Howard, si l'Australie enterrait sa tête dans le sable sur la question du nucléaire, c'est comme si l'Arabie Saoudite tournait le dos au développement de son pétrole. Le pays devrait construire 25 réacteurs d'ici 2050 pour produire un tiers de l'électricité du pays tout en réduisant de 20 % les émissions de gaz à effet de serre.

80. l'Algérie, notre proche voisin, peut-il nous aider valablement ?

L'Algérie est la porte de l'Afrique pour notre approvisionnement énergétique gazier. Ce pays est le 14e producteur de pétrole du monde. La manne des hydrocarbures est vitale pour ce pays puisqu'elle représente 95 % de ses recettes en devises. La production algérienne de pétrole est en augmentation constante d'année en année. Les autorités ont tenu à porter sa capacité à 2 Mb/j, alors que leur production dépasse leur quota OPEP. Ce quota devient problématique en raison des nouveaux partenariats avec des compagnies étrangères établies ces dernières années, partenariats qui favorisent les investissements pour la production. Ces accords ont permis la pénétration de nouvelles technologies dans un pays qui en avait bien besoin. La conséquence immédiate a été la hausse des réserves (+10 % en 9 ans). L'Algérie sortait ainsi d'une période de stagnation en matière technologique qui s'était particulièrement fait sentir dans les années 1970 et 1980, lorsque les pays pétroliers avaient tendance à se refermer sur eux-mêmes, limitant ainsi leurs capacités de prospection et de production. En conséquence, l'Algérie milite auprès de ses partenaires de l'OPEP pour l'augmentation de son quota de production au sein du cartel. Ce pays fait partie de ceux qui plaident pour un « plan court », car sa population est en forte croissance et c'est aujourd'hui qu'elle a besoin de la manne pétrolière et non demain comme c'est le cas, par exemple, pour l'Arabie Saoudite.

Si nous regardons l'Algérie comme un fournisseur important, nous ne sommes pas les seuls puisque les Chinois, considérant l'Algérie comme un pays clé pour leur géopolitique énergétique, viennent également faire leur shopping dans ce pays prometteur sur le plan des hydrocarbures.

Les réserves gazières algériennes ont subi une décroissance jusqu'en 1995 mais, grâce à de nouvelles prospections, elles ont pu retrouver un niveau supérieur, même s'il n'est plus actuellement en croissance. On peut imaginer que, comme pour le pétrole, ces réserves sont amplement suffisantes dans un marché concurrentiel et que, tant qu'il y a pléthore d'offres, il n'est pas indispensable de prospecter. La hausse de la production et des exportations de gaz algérien est spectaculaire. La consommation interne stagne depuis une quinzaine d'années, de sorte que la production est essentiellement destinée à l'exportation. Véritable poumon énergétique de l'Europe, ce gaz continuera à alimenter le Vieux Continent pour le plus grand bien de l'économie algérienne, qui en a besoin. Cette situation gagnant-gagnant qui s'est instaurée ne devrait pas changer avant longtemps.

Un gazoduc alimente depuis 1983 l'Italie à travers la Tunisie et la mer de Sicile. En 1996, est entré en fonctionnement l'autre gazoduc transméditerranéen qui passe par le Maroc et le détroit de Gibraltar, pour arriver en Espagne.

De grands projets sont en préparation pour apporter plus de gaz en Espagne (Medgaz) et en Italie via la Sardaigne (Galsi), qui n'est pas encore alimentée du tout en gaz naturel. Ces projets rejoignent le souhait de l'UE de favoriser les interconnexions dans le cadre de la coopération Euro Méditerranée.

Mais c'est aussi vers l'intérieur du continent africain que le gaz algérien trouvera des débouchés ; M. Chakib Khelil, ministre algérien de l'Énergie – qui est également le président de la Commission Africaine de l'Énergie – a présenté un projet d'acheminement du gaz du Nigeria surnommé NIGAL vers l'Algérie (voir question n° 64).

L'Algérie exporte 40 % de son gaz sous forme de GNL au départ des terminaux de liquéfaction d'Arzew (situés à une trentaine de kilomètres à l'est d'Oran) ; c'est la France qui est le premier client. Le second pays qui importe ce GNL est l'Espagne. La Belgique était un pays importateur de ce GNL puisque la société Distrigaz (filiale de Suez) a importé, dès 1982, l'or bleu algérien, mais la concurrence qui caractérise le GNL a fait que la Belgique est à présent alimentée par le Qatar, au grand dam des Algériens (voir question n° 58).

81. Le Canada étant un pays stable, peut-on compter sur lui ?

Assurément. Le pays possède des réserves importantes en énergies fossiles, particulièrement du charbon et des sables asphaltiques (voir question n° 47). Du fait qu'il est riche en uranium, ce pays de l'OCDE pourra également nous en fournir pendant longtemps encore. Il est, pour l'instant, le premier producteur au monde d'uranium, mais il risque d'être supplanté par l'Australie. Sa richesse hydraulique va lui permettre de disposer de grandes quantités d'électricité, tout en n'ayant pas à faire appel comme nous au gaz naturel pour sa production d'électricité.

Mais surtout, comme l'Australie (voir question n° 78), c'est un pays de l'OCDE, un membre de la famille qui ne va pas jouer le jeu de la fermeture. Il fait partie des 14 % des pays qui ont choisi l'économie de marché et qui, grâce à cela, fournissent 74 % des biens produits dans le monde. Si le changement climatique devait devenir une réalité, ce pays fait partie du petit cercle de ceux qui bordent le cercle polaire et qui, dans leurs mers « dégelées », peuvent espérer prospecter de nouvelles frontières et, à en croire l'engouement de ces pays pour ces zones, il y a fort à parier que l'on trouvera encore du pétrole et du gaz dans ces eaux (voir question n° 48).

Il est un fournisseur indispensable des USA pour leur approvisionnement en gaz naturel (95 %). Ses réserves pétrolières encore insuffisamment exploitées sont convoitées par les Américains car la proximité et la stabilité du pays en font des atouts intéressants. Le Canada est en effet un élément de tranquillité pour son voisin. En vue de réduire les importations des pays « à risque » que sont non seulement ceux du Moyen-Orient, mais aussi le Venezuela de Hugo Chávez, depuis quelques années, une croissance des importations au départ du Canada se concrétise de façon visible. Cette tendance de fond se poursuit depuis 25 années avec, à présent, des importations de l'ordre de 16 %. Selon l'Association canadienne des producteurs de pétrole, la production de brut dans ce pays passera à 4,6 Mb/j en 2015 pour atteindre même 4,9 Mb/j en 2020. Il faut pour cela que les raffineries des États-Unis soient modifiées pour qu'elles puissent traiter du brut plus lourd. Vers la fin de la décennie précédente, les importations du grand voisin américain « stable » ont dépassé celle de l'instable allié qu'est l'Arabie Saoudite et, depuis, la divergence ne fait que s'amplifier, soulignant ainsi la volonté des USA de se démarquer autant que possible du pétrole du Moyen-Orient dont il n'est pourtant dépendant qu'à hauteur de 13 %, notamment grâce au Canada.

Mais ce pays est non seulement important pour ses ressources, mais également parce que c'est un passage obligé pour exploiter les immenses réserves de gaz naturel qui se trouvent dans le nord de l'Alaska, dans la baie de Prudhoe. Le raccordement de cette ressource gazière au marché américain pourvoirait pour des décennies une source d'énergie propre, stable et sûre aux consommateurs étasuniens. Cette solution est envisageable pour 2020 ; les compagnies BP, ConocoPhillips et ExxonMobil étudient la faisabilité de transporter environ 110 Mm^3 par jour de la région de North Slope vers les marchés canadiens et étasuniens. Avec un investissement de plus de 20 milliards de dollars, ce projet représenterait le plus grand investissement du secteur privé jamais réalisé en Amérique du Nord. Un premier tronçon de ce gazoduc long de 3 200 kilomètres porterait du gaz naturel jusqu'en Alberta et, ensuite, une autre canalisation de 2 400 kilomètres transporterait le gaz jusqu'à Chicago. Comme toujours de nos jours, les entrepreneurs sont prêts à investir, mais l'opposition au niveau des collectivités locales et des environnementalistes retardent les projets. On continue à privilégier l'obstructionnisme aux dépens des solutions qui vont permettre à la croissance de se poursuivre tout en améliorant l'environnement par rapport aux autres solutions de rechange, notamment le charbon américain.

82. Pourquoi la Norvège est-elle si importante pour l'UE ?

La Norvège est à l'Union européenne ce que le Canada est aux États-Unis. C'est un pays riche en énergie qui joue le jeu du marché, du libéralisme économique et n'utilise pas sa position de force comme un instrument de pouvoir géopolitique.

Contrairement aux pays de l'OPEP ou de la Russie, la Norvège est un pays exemplaire en matière de gestion de sa rente énergétique. Lorsque l'aventure pétrolière norvégienne débuta en 1975, la Norvège n'était pas un pays riche, mais elle était déjà une démocratie avec un État de droit et des politiciens et fonctionnaires non corrompus. On ne peut malheureusement pas en dire autant de la plupart des autres pays producteurs de pétrole et de gaz ; il n'est donc pas étonnant que, pour ce pays scandinave, le pétrole n'est pas « *l'excrément du diable* » qui apporte la « *maladie hollandaise* » (voir question n° 50). Dans ce pays à l'éthique protestante, la loi stipule que le pétrole et le gaz appartiennent au peuple norvégien dans son ensemble. Cette richesse est gérée par la création d'un « Fond gouvernemental de retraite » dont le capital s'élevait à la fin juillet 2006 à 239 milliards d'€. Cette somme est investie exclusivement dans le marché international. Contrairement aux pays qui ont *fermé les portes du paradis*, le marché est ouvert aux compagnies non norvégiennes. Aucune de ces caractéristiques ne se retrouve malheureusement chez les producteurs de *l'Orient compliqué*.

Ses réserves de pétrole s'élèveraient à 9,7 Gb et 2,41 Tm^3 de gaz naturel, ce qui lui permettra de produire du pétrole pendant une cinquantaine d'années et du gaz pendant un siècle. De plus, le gouvernement a décidé d'autoriser la prospection et l'exploitation dans le Grand Nord (voir question n° 50). Bien que la Norvège soit en désaccord avec la Russie sur la souveraineté d'une partie de cette mer, l'heure n'est plus aux tergiversations, puisque cette zone – autrefois gelée par la Guerre Froide – va sans doute devenir un espace de coopération énergétique, étant donné que quelques 20 % des réserves non exploitées d'énergie y seraient situées. La mer de Barents, une surface grande comme deux fois et demi la France, devrait être en 2025 un des grands champs mondiaux de production.

    Ce n'est pas étonnant que Jonas Gahr Store, le ministre norvégien des Affaires étrangères, ait déclaré qu'une nouvelle ère énergétique européenne et mondiale s'apprête à voir le jour dans le Grand Nord. Il n'a pas hésité à déclarer que la France doit y avoir sa place. La France et au-delà… toute l'UE. Nous avons le privilège d'avoir un espace économique européen en commun qui fait qu'en quelque sorte l'énergie de la Norvège est un peu la nôtre, peut-être pas du point de vue économique, mais certainement du point de vue géopolitique. Et l'on sait que c'est cela qui a causé les problèmes d'hier, d'aujourd'hui et de demain.

83. Quel est le rôle de la Turquie dans la géopolitique de l'énergie ?

Cet autre pays voisin de l'UE qui, comme la Norvège, n'est pas non plus membre, est loin de ressembler à ce pays scandinave car ce n'est pas un pays riche en énergie. Au contraire, la Turquie qui va, à l'instar des autres pays émergeants, voir son taux de croissance croître plus que dans la zone UE, verra en conséquence la croissance de la demande énergétique suivre la même tendance : à la hausse, et plus proche de 7 % par an que de 2 % par an, comme c'est le cas pour les anciens États membres de l'UE.

Les relations de la Turquie, à la fois laïque et musulmane, avec les pays arabes et avec l'Iran ne sont pas sans ombres, ce qui n'est pas sans causer quelques inconvénients pour l'approvisionnement énergétique de ce grand pays avec ses 75 millions d'habitants. Il ne manquera pas de pétrole, comme personne n'en a manqué dans le monde jusqu'à présent, à l'exception de la période agitée des crises des années 1970. Comme les pays européens, l'énergie de l'avenir, celle du XXIe siècle, le « gaz naturel » sera fourni par la Russie, malgré ses riches voisins du Sud-Est. C'est dans un second temps que l'on verra du gaz « musulman » arriver en Turquie et concurrencer « l'énergie chrétienne ».

C'est à cause de cette importance du gaz de la Russie que le gazoduc Blue Stream (voir question n° 61) a été construit. Grâce à cette conduite, la Turquie sera approvisionnée pendant des décennies par le gaz russe sans aucune difficulté ni chantage avec d'autres pays, si ce n'est celui, peu probable, de la Russie ; c'est là tout l'avantage d'une connexion entre pays producteur et pays consommateur sans pays de transit. Mais est-ce sage pour une grande nation de se lier ainsi uniquement avec la Russie, même si ce pays possède un quart des réserves mondiales de gaz et qu'il faudra bien l'amener vers celui qui veut bien le lui acheter ?

En l'occurrence, la réponse est négative. La Turquie, comme l'UE, a compris qu'il fallait diversifier les pays d'approvisionnement. C'est la raison pour laquelle du gaz extrait de la mer Caspienne va arriver en

Turquie, plus précisément à Erzurum en suivant en parallèle l'oléoduc BTC (voir question n° 84).

Voisin de ces pays bordant la mer Caspienne, de l'Irak (qui finira bien lui aussi par produire du gaz un jour), la Turquie ne doit pas trop se faire de souci pour alimenter son industrie et sa population en gaz naturel. Là n'est pas le problème.

La question turque est intéressante pour l'UE à un autre titre. Ce pays va devenir le passage obligé d'une grosse partie de l'approvisionnement énergétique du Sud de l'Europe, que ce soit de l'UE ou des pays des Balkans. Avec des voisins aussi riches en hydrocarbures que les pays baignant la mer Caspienne et tous les pays arabo-musulmans au sud et au sud-est, ce pays va devenir le hub de la plaque eurasienne. Nous avons déjà parlé du gazoduc Nabucco (voir question n° 61), qui va servir d'appel d'air pour le gaz de cette partie du monde vers l'UE. Mais on peut également revenir sur la conduite transcaspienne (voir question n° 61).

On risque un jour de se retrouver avec une Turquie incontournable du point de vue approvisionnement gazier non pas à cause de ses réserves, mais à cause de sa position de transit ; ce qui revient à dire sa position géopolitique. Sans compter évidemment l'avantage des droits de passages, qui sont autant de bénéfices économiques sans rien faire…

84. Pourquoi un oléoduc Bakou Tbilissi Ceyhan ?

La mer Caspienne (« *le lac Caspien !* », contesteront les Iraniens…) doit pouvoir évacuer ses richesses. Le passage le plus naturel serait de faire confluer son or noir sur la mer Noire et, de là, au travers des détroits du Bosphore et des Dardanelles, de l'évacuer vers la mer Méditerranée et vogue la galère… surtout vers l'est par le canal de Suez. Mais ce n'est pas si simple, puisque la Turquie n'entend plus accroître le passage du pétrole par ses détroits déjà saturés. Et elle a raison. À force de faire passer des tankers dans ces étranglements, on risque un jour d'avoir un accident majeur. Ces passages sont déjà trop exploités. Il faut en diminuer le trafic et non pas l'augmenter. On n'ose pas penser aux conséquences environnementales que serait un accident avec un pétrolier dans ces eaux pratiquement fermées. Les Turcs ont raison de refuser le passage de nouvelles capacités par leurs détroits.

Mais alors va-t-on réserver ce pétrole de la mer Caspienne aux Chinois puisque, même si la distance est longue, il suffit de construire un oléoduc dans les steppes de l'Ouzbékistan pour le faire arriver dans l'Empire du milieu ?

Il y avait bien deux autres solutions, mais présentant des inconvénients majeurs. Avec la Russie au nord, on retombe dans le problème du monopole des conduites russes et les pays de la mer Caspienne préfèrent éviter l'ancien grand frère soviétique, même si leurs relations ne sont pas si mauvaises. L'autre solution, via le sud, conduit à traverser l'Iran jusque dans le terminal de Kark dans le Golfe Persique. Impensable !

La seule solution restante était un ouvrage long, difficile et coûteux, qui transporterait le pétrole depuis Bakou jusqu'à la mer Méditerranée par la voie terrestre. Itinéraire en contorsion évitant à la fois la Russie et l'Arménie, l'oléoduc Bakou Tbilissi Ceyhan (BTC) privilégie le passage par la Géorgie et la Turquie. Il offre l'avantage d'aboutir en Méditerranée et non dans la mer Noire tout en court-circuitant les goulets d'étranglements du Bosphore et des Dardanelles. C'est pourquoi ce projet a bénéficié du soutien de la Turquie. Long de 1 730 kilomètres et d'une capacité de 1 Mb/j, l'oléoduc Bakou Tbilissi Ceyhan, a coûté 4 milliards de dollars. Sa construction a été fortement soutenue par les gouvernements des trois pays impliqués, par l'entremise de la diplomatie des USA qui l'a poussée pour les raisons géopolitiques évoquées ci-dessus. Le pétrole a commencé à couler à Ceyhan fin mai 2006. Si ce projet est devenu une réalité, malgré la forte opposition à sa réalisation, si la technique a permis de montrer que des grandes œuvres peuvent être réalisées à cheval sur différents pays, tout devient possible dans le domaine du transport par conduite. Le BTC est un point de départ pour la construction de nouvelles conduites qu'elles soient pétrolières ou gazières.

Même si le vieil oléoduc Bakou-Soupsa, qui relie la mer Caspienne à la mer Noire, traversant complètement la Géorgie d'est en ouest, ne passe pas par les zones d'Abkhasie et d'Ossétie du Sud, le conflit ouvert d'août 2008 entre la Russie et la Géorgie montre combien il est intéressant de disposer de corridors de passage d'hydrocarbures qui soient hors des zones à risque de conflits.

85. Comment la Chine influence-t-elle la géopolitique de l'énergie ?

Une croissance économique aussi extraordinaire que celle que connaît la Chine actuellement induit une croissance tout aussi extraordinaire de la demande énergétique. Nous avons vu qu'il est impossible de croître économiquement sans que cela ne s'accompagne d'une consommation d'énergie élevée. Évidemment, avec une machine économique comme celle de ce pays qui se met en route, cela a créé – et continuera de créer pendant longtemps encore – un appel continu d'énergie, de toutes les énergies. Par exemple, entre 2006 et 2007, la croissance de la demande en pétrole a été de 4,1 %, celle de gaz naturel de 19,9 %, celle de charbon de 7,9 %, celle de l'hydroélectricité de 10,8 % et le nucléaire de 14,6 %, soit globalement une croissance de la demande énergétique de 7,7 %. Et cette augmentation est faite pour durer dans le temps...

Comme pour le reste du monde, la République Populaire de Chine est confrontée à une demande croissante de carburants pour l'automobile. La croissance du trafic s'est faite à un rythme moyen de 7 %[31]. La Chine a constamment vu sa production de pétrole croître mais, en 1992, elle a commencé à en importer et, depuis, cela ne cesse d'augmenter. Près de la moitié de ses importations provient du Moyen-Orient, principalement d'Arabie Saoudite et d'Iran, soit trois fois plus que le taux de dépendance des USA ou de l'UE. Elle est le premier client de l'Iran. Afin de répondre à ses besoins énergétiques, la Chine a donc des intérêts très sérieux au Moyen-Orient. C'est pourquoi son rôle dans la gestion du conflit au Moyen-Orient va croissant, son engagement militaire au Liban en 2007 est un signe tangible que ce vaste pays entend prendre sa place dans la gestion toujours plus multipolaire de la crise que vit cette région du monde. Mais le pays, aujourd'hui, diversifie largement son approvisionnement pétrolier.

---

[31] À comparer avec le rythme européen de 1,9 % pour le transport de passager et 2,8 % pour le fret !

La Chine, « *engagée dans la plus impressionnante renaissance de l'histoire* » selon le président Sarkozy, transforme sa quête insatiable en matières premières en stratégie de contrôle, notamment en Afrique.

En quête de nouvelles sources d'approvisionnement pétrolier, les entreprises publiques chinoises sont omniprésentes dans les pays producteurs. Les diplomates chinois préparent des accords aux quatre coins du monde afin de sécuriser et diversifier leur approvisionnement : Venezuela, Pérou, Argentine, Brésil, Australie, Indonésie, Russie, Kazakhstan, Birmanie et bien entendu en Afrique. Les visites des dirigeants chinois aux pays producteurs sont fréquentes et se concluent souvent par la signature de « traités d'amitié et de coopération à long terme ».

Un quart des importations pétrolières chinoises provient de l'Afrique dont 20 % de l'Afrique subsaharienne, particulièrement du Soudan, de l'Angola et du Nigeria. Depuis février 2006, le plus grand fournisseur de pétrole de la Chine n'est plus l'Arabie Saoudite mais l'Angola. Étant donné son intérêt pour l'Afrique, il faut souligner que, grâce à son siège permanent au Conseil de sécurité des Nations Unies, la Chine est parvenue à bloquer plusieurs décisions qui ont permis au Soudan d'échapper à maintes reprises aux sanctions dans le cadre de la crise au Darfour. La présence chinoise dans le monde pétrolier africain s'explique, entre autres, par le fait que le pays ne se montre pas très exigeant sur les questions d'éthique. À part la reconnaissance de son unicité, elle sait se montrer discrète sur les critères démocratiques et de bonne gouvernance pratiqués par les pays d'Afrique.

Les populations européennes et étasuniennes ne toléreraient pas que des entreprises pétrolières de leurs pays tergiversent sur les questions éthiques en Afrique.

86. Que fait la Chine pour éviter de trop dépendre du pétrole ?

Les deux tiers de l'énergie consommée en Chine proviennent du charbon. Le développement économique du pays est tel que l'augmentation de la demande d'électricité, qui était de 8 à 9 % l'an depuis une vingtaine d'années, est à présent de 16 à 18 %. Il y a une dizaine d'années, un quart de la population chinoise – l'équivalent de la population de l'UE – n'avait pas encore accès à l'électricité, et donc pas même la possibilité d'avoir un minimum de confort avec lumière et conservation des aliments. Avec l'urbanisation qui, chaque année, voit affluer 20 millions de Chinois des zones rurales dans les villes, cette demande d'électricité ne peut que croître. On sait que la source d'énergie la plus intéressante, du point de vue économique et géopolitique, pour la production d'électricité, est le charbon. Dans les années 1990, la Chine est devenue le numéro un mondial de charbon avec plus d'un tiers de la fourniture globale ; le second pays – les USA – n'arrive même pas à la moitié de cette production. Désormais, 40 % des trains qui circulent en Chine transportent ce produit, saturant les voies ferrées. Cette situation de rupture engendre un cercle vicieux puisqu'il faut de plus en plus transporter le charbon par camion, ce qui à son tour fait croître la demande en carburant, tout aussi pénalisante…

La production chinoise est problématique puisqu'il ne se passe pas un trimestre sans que nous soyons informés par les médias d'une catastrophe majeure dans des houillères dans lesquelles des mineurs meurent par centaines. On estime qu'en moyenne 18 ouvriers meurent chaque jour dans les seules mines de charbon. Quant à la pollution atmosphérique causée par l'utilisation du charbon avec des techniques obsolètes, elle serait la cause de la mort de 300 000 personnes chaque année.

La production houillère étant insuffisante, comme elle l'est pour le pétrole, il faut que la Chine assure également son approvisionnement en acquérant des actifs dans des mines d'autres pays, comme l'Australie par exemple.

La liquéfaction du charbon en tant qu'alternative au pétrole n'a jamais été abandonnée par la Chine. Le bureau du Plan aurait une trentaine de projets CTL (voir question n° 75) en préparation d'une valeur de 20 milliards d'euros, qui permettraient la production de près de 10 % des besoins en pétrole du pays. En Chine, la liquéfaction du charbon est considérée rentable pour un prix du pétrole de 35 à 40 $/b. Shell étudie un projet de liquéfaction indirecte du charbon dans le Nord de la Province de Ningxia. L'*atelier du monde* préfère faire confiance au charbon plutôt qu'aux biocarburants pour alimenter son besoin de mobilité, car l'agriculture doit d'abord servir à nourrir des millions des bouches.

Un autre cas intéressant est celui lié à l'usage rustique du charbon dans l'habitat. Comme on le faisait encore jusque dans les années 1960 en Europe, les Chinois utilisent massivement le charbon à des fins domestiques avec des problèmes de santé publique considérables puisque cela provoque des pollutions atmosphériques importantes, à l'instar du fameux *smog* de Londres d'avant-guerre. Pour limiter cette pollution et sauvegarder ainsi la santé de la population, la liquéfaction du charbon devrait également apporter une partie de la réponse.

Le charbon est et restera l'énergie de la croissance de l'*atelier du monde*. Et tans pis pour les émissions de CO_2. Ce n'est pas leur problème pour longtemps encore. Notons toutefois que la Chine a bien compris qu'il n'y a aucune raison de gaspiller l'énergie et qu'en conséquence l'importance de l'efficacité énergétique monte en puissance chez eux aussi.

87. Mais la Chine ne s'intéresse-t-elle donc qu'aux énergies fossiles ?

Face à cette trop forte dépendance du pétrole importé et du charbon « assassin » et polluant, une série de mesures de politique énergétique avait été prise en 2004, tel que le plan de développement énergétique à moyen et à long terme jusqu'en 2020, y compris les économies d'énergie et une plus grande utilisation des énergies renouvelables (hydroélectricité, vent, énergie solaire et biomasse). Il est urgent que la Chine s'investisse massivement dans l'efficacité énergétique, un beau secteur de collaboration entre Chine et UE.

On mesure l'importance du défi lorsque l'on sait que la moitié des immeubles en construction dans le monde le sont en Chine ; la plupart sans double vitrage, sans isolation et sans compteur pour mesurer les consommations. La première loi sur les énergies renouvelables vient d'être adoptée en vue de promouvoir une plus grande utilisation des énergies renouvelables d'ici 2020, soit un doublement de leur part pour atteindre 15 %. La capacité en énergie éolienne est, pour l'instant, très faible avec seulement 1,2 GW.

L'*atelier du monde* a lancé, en 2005, un plan à moyen et à long terme d'économies d'énergie. Le gouvernement a fixé un objectif de réduction de la consommation d'énergie nationale de 20 % au cours de la période de cinq ans allant de 2006 à 2010. Cet objectif doit induire le développement d'une stratégie afin de transformer la société chinoise en une société efficace sur le plan énergétique et qui sauvegarde l'environnement. Comme l'UE, elle se doit de miser plus sur les mesures de rendement. La Chine est le premier producteur mondial d'ampoules électriques à basse consommation au point que les producteurs européens pour ce type d'ampoules les importent tous de ce pays et que nos étalages sont envahis par ces ampoules *made in China*. Elle a produit en 2004 près d'un milliard de ces lampes, soit environ trois-quarts de la production mondiale. Le développement de l'immobilier dans ce pays stimule également la demande interne pour ces produits.

La Chine est le plus grand producteur mondial d'hydroélectricité. La puissance hydraulique installée a été multipliée par 5,7 entre 1971 et 1993, par la seule création de petites centrales. Le projet gigantesque des Trois Gorges sur le Yang Tsé, à proximité immédiate de la ville de Zigui, est le plus grand projet hydroélectrique au monde. Le barrage fera plus de 2 kilomètres de large et 185 mètres de haut. Sa production doit atteindre 18 200 MW (l'équivalent de 18 réacteurs nucléaires) et il devrait être terminé en 2009.

88. La Chine ne néglige-t-elle pas le gaz naturel et le nucléaire ?

Comme l'UE et les autres pays développés, la Chine développe l'utilisation du gaz naturel tant pour l'usage domestique que pour diversifier sa production d'électricité. Ce pays consomme peu de gaz naturel pour l'instant. Ses gisements sont surtout éloignés des zones de développement industriel et des consommateurs, essentiellement situés sur la côte. Du fait de sa superficie et de la faible urbanisation à l'intérieur du pays et en l'absence d'une demande significative, l'approvisionnement du gaz se fera plus par GNL que par gazoducs. C'est la raison pour laquelle, dans son Plan, le pays avait envisagé la construction de 14 terminaux GNL le long de ses côtes pour s'approvisionner auprès de producteurs tels l'Indonésie, la Malaisie, le Qatar et l'Australie. En ce qui concerne l'importation de gaz par gazoducs, elle devrait se faire au départ de la Russie (Sibérie), de l'Ouzbékistan, du Kazakhstan et du Turkménistan. Mais il faudra trouver les ressources financières pour construire ces infrastructures sur de très longues distances et, aussi, en assurer la géopolitique.

La Chine vient de relever son profil nucléaire et a encouragé l'investissement étranger dans ce secteur. En fait, le pays n'avait pas abandonné le nucléaire, mais n'avait pas non plus misé fortement sur cette énergie et cela pour plusieurs raisons. D'abord parce que c'est le charbon qui avait été choisi comme combustible principal pour la production d'électricité. Ensuite parce que, contrairement à l'Europe et aux USA, le pays n'avait pas été trop affecté par les chocs pétroliers des années 1970. Enfin, parce qu'elle ne voulait pas trop miser sur une technologie qui l'aurait rendue dépendante d'autres pays puisqu'elle n'en maîtrisait pas la filière. Il en résulte qu'en trente ans le pays ne dispose que de neuf réacteurs ne fournissant que 2 % des besoins du pays en électricité.

Mais, à présent, la donne a changé puisque ses besoins ont été multipliés et que le pays réalise que ces ressources propres sont limitées. La Chine n'a d'autres choix que de jouer la carte nucléaire. D'ici 2020, la

Chine aimerait construire une trentaine de réacteurs ; ce projet implique dans la pratique que deux nouveaux réacteurs soient construits chaque année. Le groupe d'électromécanique Alstom espère vendre pour 1 milliard d'euros par an rien qu'en Chine. Pour sa part, EDF a concrétisé l'accord stratégique pour la construction en Chine de deux réacteurs de type EPR. Cet accord marque l'acte de naissance de l'entreprise TNPC dans laquelle l'électricien français va détenir une part de 30 % pour une durée de 50 ans. Les mises en services des deux centrales, de 1 700 MW chacune, sont prévues pour 2013 et 2015. Mais, même à ce rythme, le nucléaire ne représentera que 4 % de la capacité installée contre 2 % en 2005, le charbon représentant toujours 90 % de la production d'électricité.

Ce développement pose aussi le problème de la prolifération nucléaire, car il y a encore quelques années, ce pays était considéré comme un fournisseur d'uranium enrichi au Pakistan et probablement à la Libye, l'Iran et la Corée du Nord. Apparemment, la Chine d'aujourd'hui n'entend pas poursuivre cette voie, car ses besoins en énergie l'obligeront à entrer dans le « concert des nations » et même à collaborer avec les USA. D'ailleurs, ce rapprochement sur la question nucléaire n'est sans doute pas étranger au choix fait par la Chine de signer un contrat de 6 milliards d'euros avec le constructeur étasunien de centrales Westinghouse[32]. Ce groupe a été préféré au Français Areva et au Russe Atomstroiexport.

---

[32] Qui appartient désormais au groupe japonais Toshiba.

89. Est-ce vrai que l'on gaspille beaucoup de gaz naturel dans le monde ?

Avant les années 1970, lorsqu'un forage pétrolier n'était pas positif, les pétroliers américains avaient pour coutume de dire « *mauvaise nouvelle, pas de pétrole ; bonne nouvelle, pas de gaz non plus* ». En effet, c'était à l'époque une poisse de découvrir du gaz. Depuis, le monde a bien changé. Mais l'utilisation du gaz restant plus difficile que le pétrole et une énergie de pays riches, il n'est pas partout valorisé. En fait, les gisements pétroliers produisent tous – certains peu, d'autres beaucoup – du méthane appelé gaz associé. Mais, lorsqu'on ne peut l'utiliser sur place (comme c'est le cas en production en mer) ou parce qu'on se trouve loin de toute utilisation potentielle et où on ne peut construire d'infrastructures de transport (comme c'est souvent le cas en Afrique subsaharienne), ce gaz est tout simplement brûlé dans ce qu'on appelle une torchère. On voit donc souvent sur des sites de production de pétrole une flamme dansante qui est une source nette de gaspillage de carbone. Certes, le méthane étant un gaz à effet de serre plus nocif que le CO_2, il vaut mieux le brûler que de l'envoyer tel quel dans l'atmosphère, mais émettre du CO_2 ainsi sans aucun bénéfice pour la société n'est pas une solution durable. On estime que 150 Gm^3/an sont ainsi improprement dilapidés dans le monde avec un dommage pour l'environnement sans aucun profit. Cela représente la consommation combinée annuelle de gaz naturel de la France, de l'Allemagne, de la Pologne et du Danemark. Rien que l'arrêt de ces torchères représente 13 % de l'objectif de réduction de Kyoto.

Les principaux pays concernés par cet exemple de non-durabilité sont le Nigeria, la Russie, l'Iran, l'Irak, l'Angola, le Qatar, l'Algérie, le Venezuela, la Guinée Équatoriale, l'Indonésie, l'Équateur, le Brésil, le Mexique, les USA et le Royaume-Uni. Puisque le gaz est une énergie de pays riches, il n'est pas surprenant que les pays en développement représentent plus de 85 % du gaz ainsi gaspillé. Rien qu'en Afrique, ce sont 40 Gm^3/an qui sont gaspillés, soit plus de la moitié de la consommation de gaz naturel du continent (68,6 Gm^3). Pour mettre fin à ce gaspillage qui ne produit que des dégâts, la Banque mondiale a lancé une initiative appelée « *Global Gas Flaring Reduction Partnership* », un partenariat public-privé, entre des gouvernements, des sociétés nationalisées et les grandes compagnies pétrolières internationales. Cette initiative vise la commercialisation du gaz associé, la régulation de ce gaz, la mise en œuvre de normes de réduction de la mise en torchère ou de dégazage et le développement des méthodologies pour que des crédits d'émissions de carbone soient accordés aux projets de réduction de mise en torchère ou de dégazage. Dans ce cadre, le groupe Total s'est engagé sur un objectif quantitatif précis : réduire de 50 %, d'ici 2012, le brûlage des gaz associés sur tous les sites de production. Cette initiative a reçu, en juillet 2005, le soutien du G8 puisque, dans la déclaration de Gleneagles, il est recommandé de poursuivre ce projet au-delà de 2006.

Mais la Russie est particulièrement pointée du doigt dans ce dossier (nous y reviendrons dans la question n° 90).

Dans un tout autre domaine, la quantité de méthane libéré dans l'atmosphère par les activités charbonnières dans le monde est de l'ordre de 30 Mt. Or, répétons-le, le méthane est un très puissant gaz à effet de serre. Seuls 5 % de ce grisou est utilisé dans le monde, le reste contribuant au changement climatique. Avec l'utilisation du « *coal bed methane* », l'Australie participe ainsi, et à sa manière, à la solution du problème du changement climatique ; ces projets sont l'équivalant de la réduction de 5 % des émissions de CO_2 provenant de l'utilisation du charbon par le pays (voir question n° 78).

90. La Russie a-t-elle une bonne politique de maîtrise de son gaz naturel ?

Nous venons de voir que trop de pays gaspillent leur précieux or bleu[33] et la Russie est la championne toutes catégories de ces gaspillages. Elle est en faute car elle en brûle de grosses quantités en torchère, à cause de ses gazoducs qui fuient et son utilisation finale ne se fait pas de manière rationnelle. À cause de cela, elle risque de ne pas avoir assez de gaz à nous vendre – si du moins elle ne voulait pas *ouvrir les portes de son paradis* aux entreprises occidentales.

Tous les pétroliers russes produisent du gaz associé qu'ils brûlent en torchère puisqu'ils n'ont pas le droit de l'injecter dans le réseau de transport de gaz naturel en raison du monopole de Gazprom, véritable état dans l'État. Cette entreprise est le siège d'un pouvoir extraordinaire, raison pour laquelle elle est dirigée par des proches collaborateurs de Vladimir Poutine. Elle ne cesse d'étendre son réseau de transport mais également de distribution du gaz partout sur le continent eurasien ; elle se diversifie également dans le pétrole, le nucléaire et dans les médias.

Et ce monopole ne cesse d'être renforcé par des lois, anéantissant les opportunités de faire cesser ce gaspillage flagrant. Les chiffres officiels russes donnent une perte nette de 15 Gm³ de méthane brûlé en torchère, tout simplement parce que Gazprom ne peut accepter ce gaz. Ce sont quelques 15 % des émissions de gaz à effet de serre de la Fédération de Russie qui sont produites par l'impossibilité des pétroliers d'injecter leur gaz dans le réseau du monopole. C'est l'équivalent d'un tiers de tout le gaz consommé en France qui part dans l'atmosphère parce qu'il faut maintenir la domination de Gazprom. Une aberration d'autant plus scandaleuse que l'on sait que, selon l'AIE, il ne s'agirait pas de 15 Gm³, mais de 60 Gm³ !

---

[33] *L'or bleu* est employé par certains pour l'eau. Je préfère appeler ainsi le gaz. Depuis que le monde existe, pas une seule molécule d'eau ne s'est perdue. En fait, le problème de l'eau n'est rien d'autre que celui de l'énergie. Comme Archimède qui disait « *donnez moi un point d'appui et je soulèverai le monde* », on peut dire « *donnez moi de l'énergie et je vous donnerai toute l'eau que vous souhaitez* ».

Le gaz russe est transporté à travers un réseau de 150 000 kilomètres et distribué par 575 000 kilomètres de canalisations. La vétusté et le faible rendement des compresseurs sont tels que les pertes et les autoconsommations sont considérables. Au-delà des émissions de méthane qui provoquent l'effet de serre, ces pertes limitent la capacité d'exportation en gaz de la Russie. Ce mauvais état des gazoducs russes est la conséquence de la Guerre Froide, la technologie de soudure de ces installations faisait l'objet d'un embargo. Ronald Reagan, alors président des USA, qui était déterminé à faire chuter le communisme par la supériorité de la libre entreprise, avait imposé des limitations à l'exportation vers l'Union Soviétique de toute une série de biens d'équipements. Les Russes ont dû choisir une technologie de remplacement qui s'est avérée très déficiente et provoque, avec le temps, des fuites.

Une autre grande source de gaspillage du gaz naturel en Russie est son utilisation massive pour la production d'électricité dans des centrales dont le rendement n'est que de 35 %, alors que les installations européennes ont des rendements de l'ordre de 50 %. Pour des raisons tant économiques qu'environnementales, l'amélioration de l'efficacité énergétique doit être une des priorités principales de la stratégie énergétique de la Fédération de Russie. Si elle devait atteindre l'intensité énergétique que nous avons dans l'UE, elle économiserait entre 250 et 300 Mtep chaque année, une quantité équivalente à la consommation totale d'énergie de la France, libérant ainsi cette quantité pour l'exportation.

Il est choquant d'entendre tant de nos concitoyens européens qui poussent jusqu'au ridicule leur engagement par des gestes pour « sauver la planète »[34], alors que des solutions de bon sens existent ailleurs, mais ne sont pas appliquées parce que la liberté d'entreprendre n'existe pas. Problème de riches…

---

[34] Une personne âgée est tombée et s'est brisée la jambe pour ne pas avoir éclairé la nuit, car on l'avait convaincue qu'elle pouvait ainsi « sauver la planète »…

91. Le pétrole du Moyen-Orient n'est-il pas surtout nécessaire aux USA ?

Non ! C'est un lieu commun, mais il est faux. Le pétrole du Moyen-Orient coule vers l'est, comme la majorité du pétrole de l'OPEP d'ailleurs.

Ce sont les pays de la zone Asie-Pacifique qui sont les premiers dépendants de l'or noir des pays arabo-musulmans. Près de 60 % du pétrole de l'OPEP du Moyen-Orient se dirige vers l'Orient, l'Europe représente 17 % de ces importations et l'Amérique du Nord seulement 16 %. Il apparaît donc que « le gendarme du monde », les USA, ne protège pas essentiellement leurs intérêts en patrouillant avec sa marine dans le détroit d'Ormuz (voir question n° 98), mais surtout ceux de l'Asie, y compris de la Chine. Ce ne sont évidemment pas les intérêts des compagnies américaines, puisque celles-ci, comme les européennes, ont été chassées du Moyen-Orient.

Quant au Qatar, aux Émirats Arabes Unis et au Koweït, c'est la toute grande majorité de leur brut qui se dirige massivement vers l'est ; 98 % dans le cas des EAU. Et il en est de même pour le GNL produit dans cette région.

En 2007, 37 % du pétrole irakien a vogué vers l'ensemble du continent américain, tandis que 25 % se dirigeaient vers l'Europe et 38 % ont été destinés à l'Asie, principalement la Chine et l'Inde. Signe que, lorsque la pacification de l'Irak sera une réalité, les USA et l'UE pourront compter un peu plus sur le pétrole du Golfe persique, car il est très probable que les autres pays devront suivre l'exemple de l'Irak. Il ne faut pas en douter, un Irak pacifié sera un pays qui fera envie aux autres pays arabes ou musulmans. Pacifié ! Mais quand ?

92. Quelle est la plus grande compagnie pétrolière au monde ?

La réponse spontanée de la plupart des gens est ExxonMobil ; quelques-uns répondront BP, d'autres Shell. Mais ce n'est vrai que si l'on parle des entreprises privées. Si l'on considère également les entreprises nationalisées, alors la réponse est Aramco, la compagnie d'état de l'Arabie Saoudite.

En 1933, le Roi Abdul Aziz Bin Abdul Rahman Al-Seud d'Arabie Saoudite signe un accord qui autorise la Standard Oil of California (Socal) à exploiter le pétrole de son pays. C'est en 1938 que débute la production. Mais Socal n'arrive pas, à elle seule, à exploiter les grandes réserves de l'Arabie. Socal (qui deviendra Chevron) est contraint d'inviter d'autres pétroliers étasuniens (Texaco, Esso et Mobil) à le rejoindre pour créer, en 1948, l'Aramco qui signifie Arabian American Oil Company, illustrant bien qu'il s'agissait à l'origine d'une aventure commune arabo-étasunienne. Avec les crises pétrolières, les pays du Moyen-Orient décident de nationaliser le pétrole et ainsi, en 1976, l'Arabie Saoudite rachète l'Aramco aux quatre majors étasuniennes. Aramco restera cependant une société de droit américain jusqu'en 1988 lorsqu'elle devient finalement totalement saoudienne.

Non seulement Aramco possède de loin les plus grandes réserves au monde, mais elle jouit également des plus faibles coûts mondiaux de prospection et de développement, puisqu'ils sont estimés à un demi-dollar le baril ; ce qui est un ordre de grandeur très différent de celui de ses rivaux en Russie, dans la mer du Nord ou le Golfe du Mexique. N'étant pas inscrite au registre du commerce, cette société est dispensée de toute révélation sur sa situation aux analystes financiers. On peut estimer qu'avec une production de 10 Mb/j de pétrole – soit un huitième de la consommation mondiale – au prix de 120 $/b, ses recettes annuelles peuvent être estimées à 440 milliards de dollars. Et si le coût de production est de 2 $/b, le bénéfice annuel est de 430 milliards de dollars !

Avec au moins 260 milliards de barils de réserves prouvées de pétrole, la dimension d'Aramco est de 20 fois supérieure à celle d'ExxonMobil. Quant à sa dimension financière, Aramco est la plus grande compagnie mondiale. En étudiant toutes les grandes sociétés non cotées en bourse, il apparaît que, si son capital était complètement flottant, la compagnie d'État Aramco aurait eu en 2005 une valeur boursière de 781 milliards de dollars alors qu'ExxonMobil ne vaut « que » 454 milliards de dollars.

La question cruciale que se posent les marchés est de savoir si Aramco est en mesure de continuer à répondre aux demandes importantes de brut qui peuvent apparaître à tout moment suites à d'éventuelles ruptures. Il faudrait pour cela disposer d'informations sur l'état de ses réserves réelles ; et, vu le manque de transparence qui entoure cette entreprise, on en est réduit à des conjectures qui ajoutent de l'eau au moulin des catastrophistes et de tous ceux qui prônent des solutions économiquement injustifiées. La faute en revient donc aux dirigeants d'Aramco.

93. Pourquoi les USA s'intéressent-ils tant à l'énergie ?

Les États-Unis sont, de loin, les plus gros consommateurs d'énergie au monde (toutes énergies confondues) ; ils sont toujours les premiers producteurs, mais talonnés par la Chine ; ils sont les seconds importateurs devancés de peu par l'UE-27. Ils ont soif de pétrole, comme aucune autre nation au monde, pour assouvir leur mode de transport totalement gargantuesque. Ils consomment, dans ce secteur, sept fois plus que le restant du monde et trois fois plus que l'Europe. Ce n'est pas étonnant puisque le niveau des taxes sur l'essence est six fois moins élevé que dans les pays de l'OCDE. À noter que l'indicateur de la consommation de pétrole par habitant n'est pas disproportionné par rapport à l'Europe, ce qui indique que ce n'est pas l'habitant qui consomme beaucoup plus, mais le secteur du transport et de l'industrie. C'est la raison pour laquelle on peut dire que les Américains sont « pétro dépendants », le président Bush utilise même le mot « accro » à l'image des toxico-dépendants. Ils engloutissent 20 Mb/j, soit un quart de la consommation mondiale de pétrole.

Malgré cela, leur consommation de pétrole n'est pas supérieure à celle d'avant les crises de l'énergie des années 1970, signe que des efforts d'économies ont été réalisés avec succès, contrairement à ce que laisse croire la position anti-américaine.

Malgré ces efforts, les Américains n'ont aucune intention de remettre en cause leur modèle de société, dont ils sont très fiers. Qu'ils s'agissent des Américains « libéraux » (comme on appelle, là-bas, ceux de gauche) ou des conservateurs, personne ne veut abandonner l'*American way of life*, même si une partie de la population européenne rêve de leur imposer ce changement, alors qu'une grande partie de la population mondiale ne rêve que de pouvoir immigrer aux USA pour jouir et perpétrer ce modèle américain basé sur la consommation d'énergie. Non seulement l'énergie est le pilier de la croissance de ce pays, mais en plus la fragilisation de la sécurité d'approvisionnement pourrait remettre en cause sa force, son attrait sur les personnes – en particulier les chercheurs – qui ne rêvent que d'aller vivre chez eux. Cette consommation d'énergie est aussi ce qui permet son hégémonie mondiale, hégémonie qui a mis un siècle pour s'affirmer.

De manière à sauvegarder ce mode de vie, les politiciens étasuniens sont obsédés par la sécurité énergétique. De sorte qu'ils sont bien plus attentifs que tout autre pays à ces questions-là et, plus particulièrement, à la géopolitique de l'énergie. Dans l'excès qui accompagne les préoccupations, ils poursuivent le mythe de l'indépendance énergétique et il leur est difficile d'admettre que leur pays n'est qu'un acteur parmi les autres dans le marché international de l'énergie. Ils doivent dès lors reconnaître la nécessité pour eux de maintenir des relations constructives avec les riches pays pétroliers, autrement ils n'auraient pas été obligés – eux qui se présentent comme la démocratie par excellence – de se taire sur le peu de démocratie de plusieurs de leurs alliés. Ils doivent aussi reconnaître, comme le reste du monde, qu'ils ont besoin du Moyen-Orient pour plusieurs décennies encore. C'est une situation incontournable. Les États-Unis semblent vouloir, à coup de relations diplomatiques, conforter leur indépendance énergétique comme si c'était une option réelle.

C'est la raison pour laquelle dans leur gouvernement, le secrétaire d'État à l'Energie est un personnage important, avec l'unique responsabilité du portefeuille de ce secteur, alors qu'en Europe le poste de ministre de l'Énergie est absorbé, soit dans le portefeuille de l'économie, de l'industrie, de l'environnement ou du développement durable. Depuis que je m'occupe d'énergie je ne me souviens pas d'un ministre de plein titre dans un quelconque État membre de l'UE qui ait le rang de ministre en charge exclusivement de l'énergie. Ne soyons donc pas surpris du rôle nettement prépondérant des USA dans le monde de l'énergie.

94. Qu'est-ce que le pacte du Quincy ?

Quelques semaines avant la Conférence de Yalta de février 1945 en Crimée, le président américain Franklin D. Roosevelt lit avec la plus grande attention le rapport de James M. Landis, directeur économique pour le Moyen-Orient, consacré aux intérêts étasuniens dans cette partie du monde. Ce rapport préconise l'éclatement de la « zone sterling » et l'établissement de relations directes entre Washington et les pays arabes, car le pétrole est devenu une réalité incontournable. Au retour de la réunion qui partagea le monde pendant un demi-siècle, Franklin D. Roosevelt rencontre, à bord du croiseur Quincy, Ibn Seud, le roi d'Arabie Saoudite. C'est le jour de la Saint Valentin de 1945.

Le président reçoit le Roi de l'Arabie Saoudite, le fondateur de la dynastie actuelle et père du roi actuel, avec tous les honneurs dus à un chef d'État important, avec décorum. Le Roi arabe est plus fin que ne le pense le président étasunien. « *So glad to meet you, what can I do for you ?* ». « *Mais c'est vous qui avez demandé de me voir, je suppose que c'est vous qui avez à me demander quelque chose...* ». En effet, les Étasuniens ont des choses à demander...

Franklin D. Roosevelt, malgré son insistance, n'obtient pas satisfaction du Roi saoudien sur la question juive en Palestine ; celui-ci lui propose de céder l'Allemagne aux Juifs puisque ce sont les Allemands qui leur ont fait du tort et non les Arabes. Roosevelt en vient ensuite à l'objet principal de son entretien : le pétrole. Il demande le monopole pour les USA de l'exploitation de tous les gisements découverts en Arabie Saoudite. Ibn Séoud s'est bien préparé et négocie âprement tous les points de ce qui allait devenir le Pacte du Quincy.

Cet accord met fin à un demi-siècle de domination britannique sur le brut au Moyen-Orient. Le Pacte de Quincy est ensuite transcrit dans un mémorandum commun. Il prévoit que la stabilité du Royaume fait partie des intérêts vitaux des États-Unis. Optant pour une politique de prix modérés, le Royaume garantit l'essentiel de l'approvisionnement énergétique des USA. En retour, ceux-ci lui assurent une protection inconditionnelle contre toute menace extérieure éventuelle. Ibn Séoud n'aliène aucune partie du territoire, les compagnies concessionnaires ne seront que locataires des terrains.

Par extension, la stabilité de la péninsule arabique fait partie des intérêts vitaux des USA. Ceux-ci reconnaissant *de facto* que l'Arabie de Ibn Séoud est la puissance dominante de la péninsule arabique. Ils garantissent la stabilité de la Péninsule et, dans une plus grande mesure, de l'ensemble de la région du Golfe sous forme d'assistance juridique et militaire dans les contentieux opposant les Séoud aux autres émirats de la Péninsule. Cette assistance est toujours d'actualité, même si les formes en sont différentes. L'accord prévoit également un partenariat économique, commercial et financier quasiment exclusif entre les Saoudiens et les Américains.

C'est ce pacte du Quincy qui scelle encore les relations privilégiées que la grande démocratie entretient avec la plus grande théocratie. Grâce à cet accord, l'Arabie Saoudite est sous la protection du gendarme du monde et les USA assurent un minimum de sécurité d'approvisionnement au monde, notamment aux pays asiatiques, qui sont les premiers bénéficiaires du pétrole du Golfe, puisque le pétrole du Moyen-Orient coule vers l'est.

95. Quelle est la stratégie énergétique des USA ?

En 1948, les USA deviennent importateurs nets de pétrole. Désormais, le regard de l'industrie pétrolière se porte davantage sur la scène internationale, y compris pour les nombreuses petites entreprises pétrolières indépendantes.

Après le premier choc pétrolier de 1973, le président Nixon lança le projet *Independence* qui devait promouvoir, comme son nom l'indique, l'indépendance énergétique de la Nation. Il voulait en faire un projet dans le même esprit que celui de *Manhattan* ou d'*Apollo* afin de ne plus dépendre de sources extérieures, quelles qu'elles soient, à la fin de la décennie 1970. Les États-Unis étant « *l'Arabie Saoudite du charbon* », ils vont miser sur ce combustible autochtone, abondant et bon marché. C'est l'époque de gloire des projets de *Synthetic fuels* visant à produire du carburant par la liquéfaction directe et indirecte du charbon. Ces projets, dans les années 1980, étaient aussi importants que le sont les projets de production de biocarburants aujourd'hui[35] ; ils recevaient toute l'attention politique voulue… et donc également tous les financements publics. Malgré les nombreuses études et projets de démonstration qui furent financées, ce plan n'a pas donné les résultats escomptés, car le contre-choc pétrolier leur fit perdre l'intérêt économique… le pétrole restait à l'époque bien meilleur marché que les solutions alternatives.

En 2000, éclate la crise californienne de la production d'électricité. Suite à la « dérégulation » (alors que nous parlons en Europe d'ouverture du marché… avec un cortège de réglementations), les producteurs d'électricité n'investissent plus dans des nouvelles capacités et une pénurie éclate dans l'Ouest des États-Unis. Le *black-out* électrique du 14 août 2003 démontra que cette crise n'était pas réglée quant au fond, puisque le parc de centrales et le réseau de distribution d'électricité étaient restés vétustes. Les compagnies ne pensaient qu'à engranger les gains, la tendance étant aux bénéfices financiers à court terme. Cette crise

---

[35] Mais à la différence qu'il n'y avait personne qui s'y opposait, même du point de vue environnemental.

californienne de l'électricité va se transformer en une crise énergétique du pays avec les prix de toutes les énergies qui vont atteindre des sommets.

Il ne faudrait pas croire, en se basant sur notre vision européenne biaisée des États-Unis, que ce pays est négligeant en matière d'efficacité énergétique ou de production d'énergies renouvelables. La place manque ici pour le montrer par le menu, et nous renvoyons le lecteur intéressé au chapitre 6 du *Monde et l'énergie*, volume 2 (Editions Technip). En quelques mots, il suffit de penser que l'UE a signé un accord appelé « *energy star* » pour adopter les mêmes normes d'efficacité énergétique des équipements de bureaux que les USA développent, notamment les ordinateurs, que les compagnies automobiles sont hyperactives dans le domaine des piles à combustible, et qu'en matière de biocarburants le plus grand producteur au monde de bioéthanol sont les… USA, à coups de subventions de l'État fédéral.

96. Les USA sont quand même bien un pays pollué ?

Il ne faut jamais avoir été aux États-Unis pour dire cela et, pourtant en Europe, d'aucuns le pensent ; j'ai même une collègue qui en est convaincue. C'est un pays propre et les Étasuniens aiment vivre dans la propreté. Ils sont de grands consommateurs d'énergie, mais cela ne signifie pas pour autant qu'ils aiment vivre dans la pollution, comme cette collègue me le prétendait (raison pour laquelle j'aborde cette question).

Cette confusion provient du fait que, pour certains, utiliser des ressources naturelles c'est polluer. C'est un peu plus complexe que cette affirmation simpliste. Lorsque, vers le milieu des années 1980, dans l'UE nous avons été confrontés à la question des pluies acides[36] (voir question n° 21) eux, également, ont abordé avec détermination l'abattement des émissions des polluants atmosphériques.

Par exemple, le *Clean Air Act* a pour objet l'amélioration de la qualité de l'air en zones urbaines. Toutefois, l'administration des USA, estimant que le pays ne peut accepter que les politiques environnementales imposent des contraintes à leur croissance économique, n'accepte que des mesures qui soient effectives dans leur rapport coût-bénéfice. On peut ici jouer sur le concept de principe de précaution dont la commission Attali – après les USA – semble avoir perçu les limites de la logique de son application.

La confusion vient du fait également que l'on associe pollution à changement climatique. Ils sont les plus grands consommateurs d'énergie par habitant et donc émettent plus de CO_2 que les autres, mais on ne peut pas pour autant dire que chez eux il fait « mal » vivre.

D'ailleurs, il convient d'insister sur le fait qu'en matière de changement climatique il n'y a pas que certains Étasuniens qui estiment qu'il ne faille rien faire. Il est certain que l'on ne peut imposer des

---

[36] Un dossier que j'ai personnellement traité.

contraintes qui ont des conséquences économiques et sociales pour protéger l'environnement que s'il y a une efficacité démontrée. Leurs divergences avec l'Europe portent sur le fait qu'ils ne croient pas aux mérites des mesures envisagées par le Protocole de Kyoto. Leur credo est la technologie, estimant qu'en mettant sur le marché des produits plus performants, on parviendra non seulement à maintenir des qualités sociales valables, mais que cela, tout en réduisant la pollution, fera tourner la machine économique.

L'argument qu'ils ne manquent pas d'avancer est de dire que les pays qui ont ratifié le Protocole de Kyoto ne font pas mieux qu'eux ; au contraire disent-ils, puisque entre 2000 et 2004 (années des dernières données de l'AIE), on constate que les USA ont augmenté leurs émissions de CO_2 de 1,8 % tandis que les pays ayant ratifié le Protocole de Kyoto ont augmenté globalement les leurs de 3,8 % et l'UE-25 de 4,9 %. Cette tendance n'est pas pour déplaire à l'administration Bush qui démontre ainsi, avec les chiffres officiels de l'AIE, que ce n'est pas parce que l'on a ratifié un protocole que l'on obtient les résultats escomptés…

C'est sans doute la raison pour laquelle, lors du G8 qui a eu lieu au Japon en juillet 2008, l'accord a porté sur une réduction des émissions de gaz à effet de serre de 50 %, mais en… 2050. Pour la première fois, le G8 admettait que, pour avoir du sens, cet accord devait impliquer des pays comme la Chine et l'Inde qui échappent pour l'instant à toute contrainte. Il admettait aussi, pour la première fois aussi, qu'un réel progrès dépendait des avancées technologiques. Et il déclara que tout bénéfice qui va en découler doit justifier le coût de frein éventuel à la croissance économique. En d'autres mots, le G8 endosse la position de l'administration Bush depuis 2002. Par exemple, le G8 a promis de faire des efforts de recherche et de développement en matière d'énergie fossile propre. Il a également souligné que le masochisme est futile en la matière car, si tous les pays riches coupaient drastiquement leurs émissions de CO_2, cela serait compensé par les émissions de la Chine et de l'Inde.

97. Les USA peuvent-ils se passer du pétrole du Moyen-Orient ?

Les USA ne pourront compter ni sur leurs réserves nationales ni sur celles des pays voisins et, même si plus de soixante ans après le Pacte du Quincy, ils ne dépendent que de 13 % du pétrole arabe, la croissance de la dépendance du Moyen-Orient est inéluctable, même si c'est à moyen voire long terme. Mais cela est vrai aussi pour le reste du monde – y compris l'UE. La doctrine Carter s'inscrit dans cette fin inéluctable : après le second choc pétrolier de 1979 et l'invasion soviétique de l'Afghanistan, le président démocrate Jimmy Carter annonce qu'il est « *prêt à utiliser la force militaire pour défendre ses intérêts vitaux* », ce qui donnera naissance à la « *Rapid Deployment Force* » qui interviendra contre l'Irak plus d'une décennie plus tard, lors de la première guerre du Golfe déclenchée par un président républicain. On a trop souvent l'impression que les démocrates et les républicains sont différents ; ce n'est pas le cas lorsqu'on touche à l'énergie, du moins pas sur le fond.

À cet égard, la campagne électorale américaine de 2008 a été emblématique. On a assisté à une surenchère sur ces questions énergétiques. Le candidat républicain John McCain a ridiculisé le candidat démocrate Barack Obama dans des spots publicitaires car celui-ci avait suggéré que les Américains gonflent bien leurs pneus pour économiser de l'énergie. À cette mesure dérisoire, McCain a opposé plutôt la nécessité d'explorer les eaux territoriales et l'Alaska car on sait qu'il y a du pétrole à découvrir. En effet, depuis 1981, pour des raisons environnementales, on ne peut exploiter ces zones pétrolières (à l'exception du Golfe du Mexique). Mais même les démocrates réalisent qu'il va bien falloir rouvrir le débat sur cette question. S'en prendre juridiquement à l'OPEP, comme le propose Obama, parce que ces pays interdisent la production par le jeu des quotas, est contradictoire avec l'interdiction d'explorer dans son propre pays…

Les attentats du 11 septembre 2001 ont renforcé la nécessité pour les USA d'établir un nouvel ordre mondial, y compris dans le domaine énergétique. Le but : établir une atmosphère stable en attendant des jours meilleurs, pour une autre révolution énergétique avec l'émergence de nouvelles technologies vers la moitié du second millénaire. Même si les importations de l'Arabie Saoudite ont légèrement baissé au bénéfice de pays plus stables après le 11 septembre, les besoins sont tels qu'il n'y a pas d'échappatoire : l'axe Washington-Moyen-Orient continuera à structurer la géopolitique énergétique pendant longtemps. Lorsque le 31 janvier 2006 George W. Bush, dans son discours sur l'état de l'Union, déclare que « *l'Amérique est accro au pétrole, qui est souvent importé de régions instables du monde* », qu'il faudra « *remplacer plus de trois-quarts des importations pétrolières venant du Moyen-Orient d'ici à 2025* » et qu'« *en appliquant les talents et la technologie de l'Amérique, ce pays... rendra notre dépendance du pétrole du Moyen-Orient une affaire du passé* », cela a jeté un froid entre Washington et Ryad et il a fallu progressivement que la diplomatie rétablisse la confiance ébranlée par cette déclaration. Est-ce que les successeurs du président Bush parviendront à résoudre ce défi géopolitique ? L'expérience du passé n'est pas rassurante…

En attendant, le sénateur McCain, dans sa campagne électorale, n'hésite pas à dire que « *les USA importent pour 400 milliards de dollars par an en pétrole, une somme qui va souvent dans des pays qui aident les terroristes* », un bon argument pour plaider l'ouverture des territoires des États-Unis, interdits aux prospections et productions d'hydrocarbures.

Les USA ont besoin du pétrole du Moyen-Orient, comme le reste du monde, et ils espèrent que la démocratisation de l'Irak fera tache d'huile sur l'Iran, l'autre pays stratégique. La Russie pourrait être un allié précieux dans ce domaine, car elle contribue d'une part à restreindre le rôle de l'OPEP et, d'autre part, elle lutte également contre l'islamisme terroriste en Tchétchénie. Toutefois, les USA n'ont aucun intérêt à voir grandir l'influence de la Russie et, en particulier, ils ne peuvent accepter que l'or noir de la mer Caspienne transite uniquement par la Russie. Si le pétrole de l'Asie centrale pouvait être exporté à travers l'Iran et partir du Golfe Persique, les USA feraient d'une pierre deux coups. À défaut d'un accord prévisible avec l'Iran, c'est l'oléoduc BTC déjà construit (voir question n° 84) qui fera l'affaire.

98. Quels sont les endroits dangereux du monde pour l'approvisionnement en pétrole ?

La vulnérabilité et la sécurité physique des conduites et des routes commerciales sont problématiques face aux menaces du terrorisme ; elle est croissante à mesure de l'augmentation des flux transportés. Nous avons hélas pu constater que le terrorisme peut frapper où il veut. En ce qui concerne la circulation des pétroliers, il y a six endroits sensibles par où passe le brut, mais il y en a deux qui le sont tout particulièrement et qui font l'objet de surveillances renforcées. Il s'agit du détroit d'Ormuz (ou Hormuz) à l'embouchure du Golfe Persique et du détroit de Malacca entre l'Indonésie, la Malaisie et Singapore. Le Canal de Suez, le passage Bab el Mandab entre la mer Rouge et le Golfe de Aden, le Bosphore et le Canal de Panama sont les autres points critiques.

Près de 40 % du pétrole transporté par tankers passent par le détroit d'Ormuz (plus de 20 % du pétrole utilisé dans le monde). Quant au détroit de Malacca, c'est 27 % du brut transporté par tankers ou encore 15 % du pétrole utilisé dans le monde qui le traverse. Ces chiffres sont prévus en augmentation pour les 25 prochaines années. On peut imaginer les conséquences d'un accident ou d'un attentat dans un de ces passages étroits en termes d'interruption de fourniture ; si un pétrolier coule dans le Détroit d'Ormuz ou de Malacca, le monde se déplacerait en vélo le lendemain. Il faut noter, dès à présent, qu'en fait une très grosse partie du brut transitant par le détroit de Malacca est passée avant par celui d'Ormuz. En fait, le pétrole du Moyen-Orient coule essentiellement vers l'est, c'est-à-dire vers l'Asie et l'Océanie, puisque 88 % du brut transitant par le détroit d'Ormuz va vers l'Asie. C'est la raison pour laquelle ces deux détroits sont encore plus stratégiquement importants pour le Japon, la Corée, l'Australie, la Chine et autres pays grands consommateurs qu'ils ne le sont pour l'Europe ou les USA.

On oublie aussi facilement que, dans la droite ligne de la « doctrine Carter » – un président démocrate – ce sont les seuls USA qui assurent la sécurité du détroit d'Ormuz et que personne ne vient aider l'US Navy pour assurer la sécurité de ce passage fondamental pour l'approvisionnement du monde en pétrole. La protection va s'étendre au nord du Golfe Persique, puisque la marine américaine va contrôler, encore pour longtemps, les infrastructures au large du terminal de Bassora puisqu'une enveloppe budgétaire de 277 millions de $ a été prévue à cet effet, même si officiellement il est annoncé que ces installations de surveillances seront remises aux autorités irakiennes dès que possible.

Le détroit de Malacca – en plus d'être une zone potentielle d'attentats – est infesté de pirates qui en font une des régions les plus dangereuses du sud-est asiatique. On estime que c'est dans cette région que se sont produits plus du tiers de tous les actes de piraterie commis à l'échelle internationale. Afin de combattre les menaces de la piraterie maritime et le terrorisme dans ce détroit de Malacca, les USA proposent la mise en œuvre d'un instrument opérationnel de coopération appelée « *Regional Maritime Security Initiative* » (RMSI). Elle est en cours de discussion parmi les pays de la délicate zone de la mer de Chine ; Singapour a appuyé cette initiative, mais la Malaisie et l'Indonésie l'ont refusée probablement parce qu'ils craignent une éventuelle atteinte à leur souveraineté. Pourtant, cette initiative vise à organiser des exercices navals en communs et à partager des informations, mais les décisions nécessaires au déclenchement des opérations resteront de la compétence de chaque pays individuellement.

Et, puisque le développement du transport maritime de GNL va se développer, et en particulier au travers des détroits d'Ormuz et de Malacca pour alimenter les pays à forte croissance du Sud-Est asiatique, il convient de prêter la plus grande attention à ces passages, véritables points dangereux pour la géopolitique de l'énergie et donc pour l'économie mondiale.

99. Mais lorsqu'il n'y aura plus de pétrole que fera-t-on ?

C'est encore la question que me posait hier soir un ami. Elle est sur les lèvres de tout le monde, tant on est parvenu à nous faire croire que cette fin est proche. Nous avons vu (voir question n° 41) que cette fin – qui arrivera bien un jour – n'est pas pour demain, et qu'en conséquence la solution de remplacement ne doit pas être pensée ni en terme d'aujourd'hui, ni même de demain. Tenter de résoudre un problème de demain avec les moyens d'aujourd'hui conduit à la peur et donc aux erreurs stratégiques.

Notons en passant que certains scientifiques de la Carnegie Institution de Washington croient que les couches profondes de la terre abritent de vastes réserves d'hydrocarbures d'origine non organique (abiogénique) provenant de la réaction entre l'eau et la roche. La profondeur à laquelle les réactions chimiques peuvent produire ce type d'hydrocarbure est de l'ordre de 35 kilomètres. Cela est une hypothèse sans plus. Puisque nous avons critiqué les spéculations sur le futur qui relève plus de la science-fiction, nous n'allons pas à présent faire de même.

Quoi qu'il en soit, il est évident que l'importance de la technologie est déterminante pour cet avenir. Tout en développant la science appliquée dans le domaine du monde de l'énergie d'aujourd'hui, il convient de préparer la science du monde de l'énergie de demain. Des solutions inattendues viendront de ruptures technologiques qui adviendront au grès du génie humain. C'est la raison pour laquelle, on ne le dira jamais assez, il faut valoriser la science et lui donner l'aura qu'elle avait il y a quelques années. À force de faire croire que tous les maux du monde sont la cause du développement technologique, on a fini par dégoûter nos jeunes qui ne s'engagent plus dans cette carrière. Les écoles d'ingénieurs manquent d'étudiants. L'an dernier en Belgique, il n'y avait plus qu'un seul étudiant inscrit en science nucléaire. Comment assurer ne serait-ce que l'entretien des centrales nucléaires, sans parler des nouvelles qu'il faudra bien construire un jour, si l'on veut éviter de tomber dans la monoculture de la génération d'électricité à partir du gaz naturel russe ? Par contre, dans les pays qui n'ont pas atteint notre niveau de développement, la science, la technique et la technologie sont appréciées et perçues comme source de progrès. En Inde et en Chine, ce sont respectivement 450 000 et 300 000 ingénieurs qui sortent chaque année de leurs universités.

Un jour, on produira également de l'électricité à partir de la fusion nucléaire. Le projet « mondial » en cours de réalisation à Cadarache n'est évidemment pas un projet de production d'électricité. Mais il devrait conduire, avant la fin de ce siècle, à une nouvelle ère, une nouvelle rupture, de la génération d'électricité.

On l'a déjà dit, la science du vivant qui révolutionne la biologie, le fera aussi un jour pour la production de biomasse à des fins énergétiques. Si les solutions d'aujourd'hui en matière de biocarburants ne sont pas une panacée, celles de demain, basée sur les manipulations génétiques des plantes, devraient aboutir à des ruptures technologiques.

Nous arrêterons là cette digression, car ce n'est pas le propos de ce livre. Résumons en disant que la technologie, l'intelligence humaine sous toutes ses formes, l'intégration des systèmes, le bon sens et la prise de conscience que l'énergie est un bien qui ne doit plus être gaspillé même s'il n'est pas cher, feront que l'énergie continuera à être utilisée et qu'on ne reviendra pas au monde de l'esclavage humain d'avant la révolution énergétique. C'est cette idée de base qui a fait dire à Cheik Zaki Yamani, ministre saoudien du Pétrole, lors des crises de 1970, que « *tout comme l'âge de la pierre ne s'est pas terminé faute de pierre, l'âge du pétrole ne se terminera pas par manque de pétrole* ».

100. Comment transformer la crise actuelle en bienfait ?

Cela peut sembler paradoxal mais ce que nous vivons depuis l'automne 2004, avec l'augmentation du prix du pétrole brut, surtout avec l'accélération du 1er janvier 2008, n'a pas que des inconvénients. Le prix du brut était encore à 8,50 $ le baril il y a moins de 10 ans, au point que le *Financial Times* du 10 septembre 1998 titrait « *Rien n'est plus bas que le prix du baril si ce n'est le moral* ». Pourquoi cette inversion en dix ans ? Il est vrai que la demande en pétrole est en hausse continuelle, mais ce n'est pas un fait nouveau. Il en est ainsi depuis que le 29 août 1859, à Titusville, à 100 kilomètres du lac Erié (USA), le pétrole a jailli de terre. Au point qu'il a été appelé l'or noir et, aujourd'hui, depuis près de 150 ans, il est toujours aussi incontournable pour le transport automobile.

Est-ce sa raréfaction qui fait monter son prix ? Je ne le crois pas, car il ne s'agit pas de raréfaction, puisqu'encore actuellement les réserves de pétrole sont en croissance. Ce qui est paradoxal – disons-le à nouveau – c'est que ce sont ceux qui veulent rompre avec le modèle de cette société issue du pétrole qui clament le plus haut que nous sommes arrivés au pic de pétrole ; ils devraient plutôt se taire et se réjouir dans l'attente que leurs vœux soient enfin exhaussés car, alors, nous changerions – assurément – de modèle de société.

Mais, nous n'en sommes pas là ! Il y a encore beaucoup de pétrole, et la loi inexorable de l'offre et de la demande transforme cette crise en un bienfait : le prix élevé du brut fait qu'on va en trouver davantage car plus une matière première est chère et plus on va se débattre pour en trouver ; pensez aux tonnes de roches que l'on déplace pour trouver un diamant. J'en veux pour preuve qu'on ouvre des puits au Texas puisque le seuil de rentabilité est de 50 $/b, et que la firme Activa Ressources prospecte même dans le Sud de la Bavière qui est pourtant plus connue pour ses forêts et sa bière que pour son brut… Que les prix continuent à monter et nous trouverons davantage de réserves ! D'autant plus que la technologie permet aujourd'hui des explorations qui auraient été considérées comme de la science-fiction, il y a encore une dizaine d'années.

À cet égard, ce qui se passe au Brésil est particulièrement intéressant. La compagnie Petrobras est devenue un leader mondial en eaux profondes – grâce à la coopération avec l'entreprise norvégienne Statoil. Sachant que les grands deltas devraient normalement regorger de pétrole, elle a prospecté au large de Rio de Janeiro et a découvert le champ de Tupi. À 7 000 mètres sous la mer, après une barrière de sel de 2 000 mètres, ce sont 6 à 8 Gb de pétrole que l'on a découvert en 2007. Il est évident que cette prouesse technologique va produire du brut à un prix qui est nettement plus élevé que celui du Moyen-Orient. En avril 2008, c'est l'annonce de la découverte du champ de Carioca-Sugar Loaf avec, sans doute, des réserves de 33 Gb. Selon le responsable de l'exploration de Petrobras « *il n'y a pratiquement aucun risque d'exploration* » dans cette zone. Quand on pense que peu de grands deltas ont été prospectés, on peut penser que, grâce au prix plus élevé du pétrole et aux nouvelles technologies, on va en trouver davantage.

Mais alors, s'il y a du pétrole, pourquoi cette tension ? Parce que, malheureusement, les compagnies internationales n'ont accès qu'à 5 % des réserves mondiales environ. Le reste est entre les mains des sept nouvelles sœurs[37] : la Saoudienne Aramco, l'Iranienne NIOC, la Vénézuélienne PDVSA, la Russe Gazprom, la Brésilienne Petrobras, l'Indonésienne Petronas, et la Chinoise CNPC. Elles ont en commun qu'elles sont nationales et qu'elles défendent leurs intérêts nationaux. *Les portes du paradis* sont fermées, de sorte qu'on ne peut aller investir dans les pays qui ont les ressources les plus abondantes en hydrocarbures et les plus facilement accessibles. Tant que cette situation durera, il ne faut pas espérer que les tensions sur les approvisionnements, et donc les prix, s'atténuent. Ils continueront à être soumis à des mouvements erratiques, ils baisseront probablement puisque, comme on l'a vu, l'AIE table sur un prix de 30 à 60 $/b en 2050, mais toujours loin du prix de quelques dollars le baril si la loi de Ricardo s'appliquait.

Mais alors, où est la bonne nouvelle ? C'est qu'avec les prix actuels, il va falloir recourir à l'efficacité énergétique. On va, enfin, prêter attention à nos gaspillages. Depuis le contre-choc pétrolier des années 1980, la frénésie de la chasse au gaspillage des années 1970 s'est estompée. Stimulée par l'augmentation du prix de l'énergie, on assiste actuellement à une nouvelle frénésie, dont la genèse a été la lutte contre le changement climatique, qui pourtant n'a pas donné les résultats

---

[37] Par opposition aux sept sœurs d'avant les crises des années 1970 : les américaines Exxon, Mobil, Socal, Texaco, Gulf et les européennes BP et Shell.

escomptés dans la mesure où cette notion n'est pas de nature à mobiliser suffisamment le comportement individuel.

La bonne nouvelle va enfin se concrétiser notamment par la maîtrise de l'énergie dans l'habitat existant dans l'Union européenne, puisque c'est là qu'on y utilise 40 % de notre consommation énergétique. Avant de penser à produire quoi que ce soit à partir d'énergies renouvelables, ou d'autres formes parfois extravagantes, on a tout intérêt à isoler nos maisons. On ne remplit pas un baril qui fuit avec une cuillère à café, comme on ne donne pas du caviar à quelqu'un qui a faim.

Tournez le problème dans tous les sens et vous verrez que nous avons un vrai souci de financement : qui va investir des sommes faramineuses pour isoler tant de maisons construites sans isolation, ni double vitrage ? Qui doit payer les travaux d'isolation : le propriétaire, qui n'en tire aucun profit, ou le locataire, qui va voir réduire sa consommation d'énergie ? En transposant cette question au niveau de l'habitat social, on comprend alors le véritable enjeu de la crise actuelle d'autant plus que la crise financière exacerbe cette situation. Commençons par là, et on diminuera sensiblement notre demande énergétique. On parviendra peut-être ensuite – moyennant un abandon des visées nationalistes des pays pétroliers et gaziers – à inverser la crise actuelle. Toute autre solution consisterait à mettre la charrue avant les bœufs.

101. Que conclure de tout cela ?

L'utilisation massive de l'énergie a permis le développement extraordinaire que nous avons sous nos yeux. Sans elle, nous en serions encore à nous déplacer à cheval ou à pied, à cuisiner au bois, à ne pas nous laver et à naviguer à la voile, passe-temps agréable mais n'assurant pas le développement économique. Se passer d'énergie revient à dire qu'il faut revenir à l'époque préindustrielle, puisque celle-ci est la conséquence de l'utilisation de l'énergie non renouvelable. Autant rester réaliste, personne – à l'exception de quelques idéalistes irréductibles – n'est prêt à abandonner le mode de vie que nous avons en Occident. Pour preuve de cette affirmation, il suffit de voir l'attrait qu'il exerce sur les populations des autres pays, non seulement parce qu'elles veulent venir en masse chez nous, mais aussi parce que leurs dirigeants rêvent de le copier chez eux.

Avec la population de la planète croissant au rythme de 70 millions d'êtres humains par an, la qualité de vie que nous prétendons et à laquelle les populations des pays en développement aspirent, notre demande en énergie ne peut que croître. Afin de satisfaire les besoins croissants de cette population qui passera de 6,7 milliards aujourd'hui à 8 milliards en 2025, cela exigera une croissance de la demande en énergie de 50 % par rapport à aujourd'hui.

Un constat s'impose. Nous allons devoir affronter trois problèmes plus difficiles qu'on ne l'imagine. Premièrement, il est plus difficile qu'on ne le pense de limiter la demande énergétique mondiale. Deuxièmement, par conséquence, il sera plus difficile de limiter les émissions de CO_2. Enfin, troisièmement, il y aura plus de tensions sur l'offre et donc sur la géopolitique. C'est la raison pour laquelle il me semble que la question énergétique sera la question cruciale du XXIe siècle. Il faudra trouver et développer des nouvelles sources d'énergies fossiles et des nouvelles formes d'énergies pour les besoins domestiques de cette population en croissance – car il n'est pas souhaitable que ces populations restent encore dans la misère. Il faudra que les hommes et les femmes de tous les pays de la planète travaillent, se meuvent, et transportent les marchandises qu'ils produiront, tout cela en protégeant l'environnement.

Devant cet énorme défi, allons-nous être tétanisés par la peur de ses implications, ou bien allons nous faire confiance à la créativité de l'homme ? La clef qui conduit à la maîtrise de ce défi est la même qui a conduit à cette difficulté : le génie humain. L'histoire de l'homme démontre qu'en permettant à son ingéniosité de s'exprimer, dans un monde libre, sans contraintes idéologiques, il est créatif et il est en mesure de régler les problèmes qu'il rencontre ou même qu'il crée. En cherchant, en travaillant, en apprenant avec courage et détermination, ce problème sera maîtrisé. En fait, le problème crée la solution. L'avenir énergétique dépendra de la détermination de l'homme à trouver des solutions, tout comme il l'a fait depuis la révolution énergétique.

Il est vrai que les pays qui ont gagné à la loterie des ressources énergétiques vont vivre avec plus de sérénité sur le plan de l'approvisionnement énergétique. Les autres en resteront à rêver d'une chimérique indépendance. Il leur faudra faire face à la dure réalité de l'importation incontournable de l'énergie et, partant, maîtriser la sécurité d'approvisionnement. Les pays importateurs et les pays producteurs devront admettre que la véritable sécurité d'approvisionnement énergétique sera le résultat de la coopération, de l'engagement et certainement pas de l'isolationnisme, comme la pratique encore trop de pays riches en énergie. Lorsque l'expertise et les investissements peuvent traverser librement les frontières, le moteur de l'innovation – et pas seulement celle technologique – s'enclenche, la prospérité s'en suit et le bien-être que fournit l'énergie devient disponible pour tous. Cette stratégie est gagnante pour les consommateurs d'énergie, mais elle l'est également pour les producteurs. Cela va exiger de la part des pays riches en énergie – en l'occurrence les pays riches à la fois en pétrole et en gaz – de comprendre que leur richesse peut devenir une fortune pour tous, et pour eux en premier, s'ils respectent la règle de l'ouverture, de l'entreprise, de la transparence et de la bonne gouvernance. À l'évidence, le chemin choisi jusqu'à présent par la majorité des pays riches en hydrocarbures est en contradiction avec ce choix. Tant qu'il en sera ainsi, les pays consommateurs payeront leur énergie, y compris par des contraintes géopolitiques, mais eux resteront en retard sur les pays libres et à la bonne gouvernance et qui comprennent que l'énergie est une source de bien-être et non pas une arme politique.